全国高等院校应用型人才培养规划教材 · 艺术设计类

丛书总主编 张小纲

时装画线描技法

唐宇冰 梁 峰 编著

北京大学出版社
PEKING UNIVERSITY PRESS

内 容 简 介

线描是时装画最基本的表现元素。服装艺术设计专业的学生需要对线描艺术有深入的了解，掌握线造型的相关技巧，增强画面心象痕迹的美感，提高画面的审美内涵。本书着重分析线描材质与表现特点，并详细解析线描组织与穿插技法，以及线描对于时装质感的表现和艺术处理。同时精选世界著名设计师的时装画线描作品和部分教师学生的优秀作品作为范例进行全方位解读。

本书可以作为艺术院校相关师生的专业教材以及服装设计人员的参考书，也可以作为业余爱好者学习时装画的自学用书。

图书在版编目（CIP）数据

时装画线描技法 / 唐宇冰，梁峰编著. — 北京：北京大学出版社，2013.10
（全国高等院校应用型人才培养规划教材・艺术设计类）
ISBN 978-7-301-23145-6

Ⅰ.①时… Ⅱ.①唐… ②梁… Ⅲ.①时装—绘画技法—高等学校—教材 Ⅳ.①TS941.28

中国版本图书馆CIP数据核字(2013)第209843号

书　　名：时装画线描技法
著作责任者：唐宇冰　梁　峰　编著
责 任 编 辑：郝　静
标 准 书 号：ISBN 978-7-301-23145-6/J·0532
出 版 发 行：北京大学出版社
地　　址：北京市海淀区成府路205号 100871
网　　址：http://www.pup.cn　新浪官方微博：@北京大学出版社
电 子 信 箱：zyjy@pup.cn
电　　话：邮购部 62752015　发行部 62750672　编辑部 62756923　出版部 62754962
印 刷 者：北京大学印刷厂
经 销 者：新华书店
889毫米×1194毫米　16开本　9.25印张　245千字
2013年10月第1版　2013年10月第1次印刷
定　　价：45.00元

目　录 CONTENTS

丛书总序

伴随着国家经济、文化建设快速发展，文化创意产业、设计服务业等蓬勃兴起，艺术设计教育步入了“黄金发展期”。这不仅体现于日益扩增的艺术设计类专业办学规模之上，也直接反映在近些年来持续出现的较高的报考率和就业率之中。这当然与良好的经济环境、产业背景有关，无疑也是广大应用型高校艺术设计教育工作者在“工学结合”育人理念指导下，认真研究本专业人才培养的基本规律，在教育教学改革的道路上积极探索、勇于创新、努力实践的直接结果。然而，越是在这喜人局面之下，我们越要保持清醒的头脑，应该投入更大的精力去不断提高我们的教育教学质量。

构建以就业为导向、以岗位能力为核心、以工作任务为主线、以专业素质为基础的课程体系仍将是应用型高校教育教学改革的重要任务。而将“工学结合”的育人理念贯穿于育人的全过程，落实到具体的课程里面，体现于每一本教材之中，无疑是我们今后一段时期的工作重心。在整个育人体系中，课程是人才培养的落脚点。通俗一点讲，只有将每一门课程上好了、上活了，课程建设做实了、做优了，我们的人才培养质量才会有保障。从这个意义上讲，课程建设既是学校的基础性工作，也是全局性工作。

当下的应用型高等教育模式，无论在教学理念还是教学内容方面，无论是在教学形式还是教学方法方面都发生着深刻的变革。适时将这些教育教学改革的成果直接反映到教材建设之中，反过来又使之成为推进和深化教学改革的新动力，已成我们的共识。与此同时，随着社会经济发展方式的转变，相关产业正发生着深刻的变化，及时将反映行业发展趋势的新工艺、新材料、新方法、新技术融入到我们的课程，将体现最前沿应用技术的成果写进我们的教材，应是我们的现实追求。

应用型高校艺术设计教育培养的是服务于一线的“职业设计师”，这就要求我们针对设计行业以及具体岗位对设计人才知识、能力结构的实际需求来设置课程和建设课程，来开展教学，来编写教材。一方面，我们力图使教材内容紧紧扣住应用型高校艺术设计教育的人才培养目标及课程设置的总体要求，使教材在内容丰富、概念明确、结构合理的基础之上，突出实用性强、针对性强的特点。另一方面，则在教材内容的编排与结构的设计上努力体现其科学性与合理性。尤其是在对职业岗位进行全面分析的基础之上，对本教材（课程）内容如何对应岗位能力需求，各课程应掌握的知识点、能力点以及技能要素、素质要素等，如何培养学生分析问题、解决问题的能力，都作了较详细的描述。全书通篇以项目、案例为主线，努力避免单调、枯燥的概念表述，强调基于工作过程的学习与基于学习过程的工作之高度融合，讲究设计预想与实际效果的有机统一。

我们试图通过辛勤的工作，使这套规划教材能够充分体现先进的育人理念，能够准确反映职业岗位对人才知识、能力结构的基本需求，又能凸显教材的实用性、实战性、实践性。当然，作者的追求与最终效果是否达至统一，有赖于读者的判断，而一线教师的具体评价、学生们的实际感受则是我们最看重的。

丛书编委会

前　言

时装画是服装设计师表现作品设计意图，表现服装未来穿着预期效果的绘画形式。要实现优秀的服装设计而且对设计进行完美表现和图解，首先必须熟练掌握时装画技法的规律从而用时装画准确而生动地表现服装的款式、色彩、材质、工艺结构及风格。时装画是服装设计工作者必备技能之一，线描是时装画最基本的表现元素。服装设计专业的学生需要对线描艺术有深入的了解，掌握线描技法，感受线性艺术的特征。本书将用多幅图例和浅显易懂的文字来展示时装画线描的重要步骤并且通过灵活使用绘画工具来表现这些步骤。一幅优秀的时装画成功的关键在于娴熟地掌握“线”的技巧。权威的时装画效果图一定是用大胆而概括的线条画出极简的画面。

本书的内容包含线描的绘画材质与技法表现特点，详细解析线描造型以及线条组织与穿插技法，分析线对于时装质感的表现以及时装画线描的艺术处理，还重点讨论时装画线描语言风格。通过变换不同的线条得到不同的艺术效果，从而了解有多少艺术家就有多少不同的线描风格，让学生感受到线条的气质美从而突出自己的时装画线描艺术语言特点，从而在学习的过程中提炼出自己时装画线描的个性风格，以此启发学生的创造性思维，提高设计能力和艺术审美眼光，为今后能掌握好更高水平的时装画技法打下坚实的基础。

本书由湖南女子学院院长助理兼艺术设计系主任、国家教学名师唐宇冰教授和湖南女子学院艺术设计系服装艺术设计专业教师梁峰老师编著。在本书的编写过程中，湖南女子学院艺术设计系服装艺术设计专业的学生以及学界同人为本书提供了宝贵的资料，在此表示衷心感谢。在此书编辑过程中，收集并参考一些国外时装画艺术家的传记与图册，是为研究、阐述作者画风而使用，以增加可视效果，更易于读者理解，在此，亦表示衷心感谢。同时感谢出版社对于本书出版给予的大力支持。对本书的不足之处，恳请广大读者给予指正。

编　者

课 程 导 语

前导课程

1. 装饰图案设计
2. 服装材料学
3. 服装结构学
4. 服装工艺设计
5. 服装设计CAD辅助设计

课程目标

1. 了解时装画线描的大致面貌，分析线描材质技法特点
2. 服装外型与内型结构的线描造型以及线条组织与穿插技法
3. 线对于服装细节的表现
4. 时装画线描艺术处理与传统中国画线描十八描
5. 通过变换不同的线条得到不同的艺术效果，从而了解有多少艺术家就有多少不同的线描风格，让学生了解到线条的气质美

本课程

就业岗位

1. 服装设计款式设计师
2. 服装设计面料设计师
3. 服装工艺制作师
4. 服装配饰设计师
5. 服装展示设计师
6. 服装品牌策划设计师

后续课程

1. 服装造型设计与立体裁剪
2. 服装整体搭配与形象设计
3. 服装系列设计与表现
4. 服装品牌营销与管理

第一章
时装画线描技法综述

“以线存形”是绘画最为原初的表现语言形式。从大量现存的原始岩画壁画以及各种出土纹样中可以看出人类先民不分地域、种族，不约而同地采取“线”的绘画方式。“以线存形”是人类绘画艺术的起源，远古文明中用以交流视觉信息的最初手段。“以线存形”是一种本能也是绘画最为朴素的表达。

在线性艺术中，人主观创造线，高度概括提炼，通过用线勾出轮廓以确定表现物象的边缘界限，从而表达物象的各种状态。运用线的不同结构方式产生的张力表现物象的质感与量感，运用线的曲直线型变化和浓淡干湿表现物象的立体层次，运用线的穿插、重叠、疏密、虚实表现物象的节奏韵味。线条或端庄典雅，或刚健挺拔，或苍劲老辣，或质朴古拙，或雍荣圆润……不仅是画家心灵的痕迹外化，也使线条本身这种绘画语言获得独立的审美价值。线描是时装画最基本的表现元素。时装画需要从线性艺术深厚的精、气、神的审美价值土壤中生长出来才有更耐人咀嚼的审美意趣，更为宽广的发展空间。服装设计专业的学生需要对线描艺术有深入的了解，掌握线描技法，感受线性艺术的特征。“工欲善其事必先利其器”，时装画线描技法的学习须熟悉各种材质的表现特点并掌握其表现规律。线描的形式语言，不仅是“廓形”的功能，线条的无限表现力使线条具有独立的审美价值，为时装画带来艺术的审美品格。无论用什么材质媒介来画线条，所表现的线条形式主要有两种，一为均匀线，二为粗细线。

第一节 均匀线

均匀线，顾名思义就是线条圆顺均匀，没有强烈的粗细变化。在时装画中可以采用铅笔、炭笔、 钢笔表现轻柔、垂滑、宽松的服装效果。线条表现注意用笔力量均匀，行笔稳健

图1-1 比亚兹莱作品（1）

图1-2 比亚兹莱作品（2）

从容。1872–1898年，〔英〕奥博利·比亚兹莱（Aubrey Beardsley）采用大量头发般纤细、流畅、优美的均匀线条与“疏可走马，密不透风”的黑块的奇妙构成来表现对事物的印象。其作品充满着诗一样的浪漫情愫和无尽的幻想。他热爱古希腊的瓶画和“罗可可”时代极富纤弱风格的装饰艺术，同时东方的浮世绘与版画也对他的艺术道路产生了深刻的影响。

一、单色笔类型

单色笔工具包括绘图铅笔、木炭条和炭笔、钢笔、圆珠笔等。绘画铅笔多用来绘制最初草图或表现人体和服装轮廓的外形线，这是服装设计师或时装插画师经常使用到的一类绘图工具。铅笔是表现强烈光影效果和勾勒轮廓的极佳工具。钢笔和圆珠笔画出的线条更具随意性与一挥而就的不可更改性。

图1–3 铅笔适于记录构思，推敲设计，更适合清晰表现细节特征。（湖南女子学院学生作品）

图1-4 运用传统的透视比例和舞台艺术中明暗技法相结合的铅笔画（作者：乔治·斯塔罗尼斯）

图1-5 铅笔加淡彩铅笔适于记录构思，推敲设计，更适合清晰表现细节特征。（作者：博纳特·布罗萨克）

单色笔种类有运用于普通书写的钢笔、圆珠笔、书法钢笔、绘图用的针管笔等。钢笔表现出的线条坚硬而光滑；书法钢笔表现的线条粗细有致，深浅变化较多。圆珠笔具有钢笔的特点还能非常细腻地表现局部，使画面出现精致效果。

图1-6 钢笔表现（湖南女子学院学生作品）

图1-7 圆珠笔线条表现（湖南女子学院学生作品）

图1-8 彩色铅笔线条适于表现丰富的色彩变化。（湖南女子学院学生作品）

图1-9 水溶性彩色铅笔各颜色之间与水相互渗染可出现生动的水彩趣味，具有很好的视觉效果。（作者：梁峰）

二、彩色铅笔类型

彩色铅笔可以单独使用或者与其他工具一起用于效果图的表现，它可以便捷地刻画细部特征和人物或服装的外轮廓线。特点：彩色铅笔线条极其适合表现细节特征，画出的轮廓线条精致细腻，而且还包含了丰富的色彩变化。缺点：彩色铅笔不大适合在大幅纸张上使用，它的最佳舞台还是在小幅纸张上或手稿册里。

第二节 粗细线

粗细线画形体的方法是时装画最佳表现途径之一。线条的质感差异很大，一般粗线给人感觉力强、厚实和肯定，具有重量感，有向前或突出的感觉。细线有轻、向后或虚的感觉。时装画线描的粗细线表现方法一般是用粗线表现形体的主线，以强调人体轮廓线和前面的衣纹。细线给人感觉秀气、纤弱和锐敏，细线表现次要的内容。粗细线描的表现是一个虚实问题或者说是主与宾的问题。凡属人体关节活动部位，如：肩、膝、肘、腰等处衣纹密集，须找出最能表现人体体积形态和服装着装规律的主线，要用粗线交代清楚。胸、腿等非关节处用细线，甚至可以省略不画。在充分理解形体的基础上有目的地取舍、加工，用提炼和简化的手法仅用几根关键线条清楚地表现模特的姿态和形象。当去除了旁枝末节，只保留精髓的几根粗壮线条后，画面蕴藏更为生动而丰富的美。

一、毛笔线条表现

墨水与毛笔结合的流动感与粗细线条的表现最能强调出线条的优美。特点：墨水混合后会出现一种难以言喻的抽象效果，能有效地表现有光泽感的面料。长短疏密的线条可以轻易地变换出各种各样的线条样式。缺点：新手不容易控制好毛笔与蘸水蘸墨的关系而不容易达到水墨淋漓的效果。毛笔与墨水画效果图需要一气呵成、下笔犀利准确才能达到理想的效果。

图1-10 墨水与毛笔画出的线条随意而畅快淋漓（作者：梁峰）

图1-11 水墨渲染（湖南女子学院学生作品）

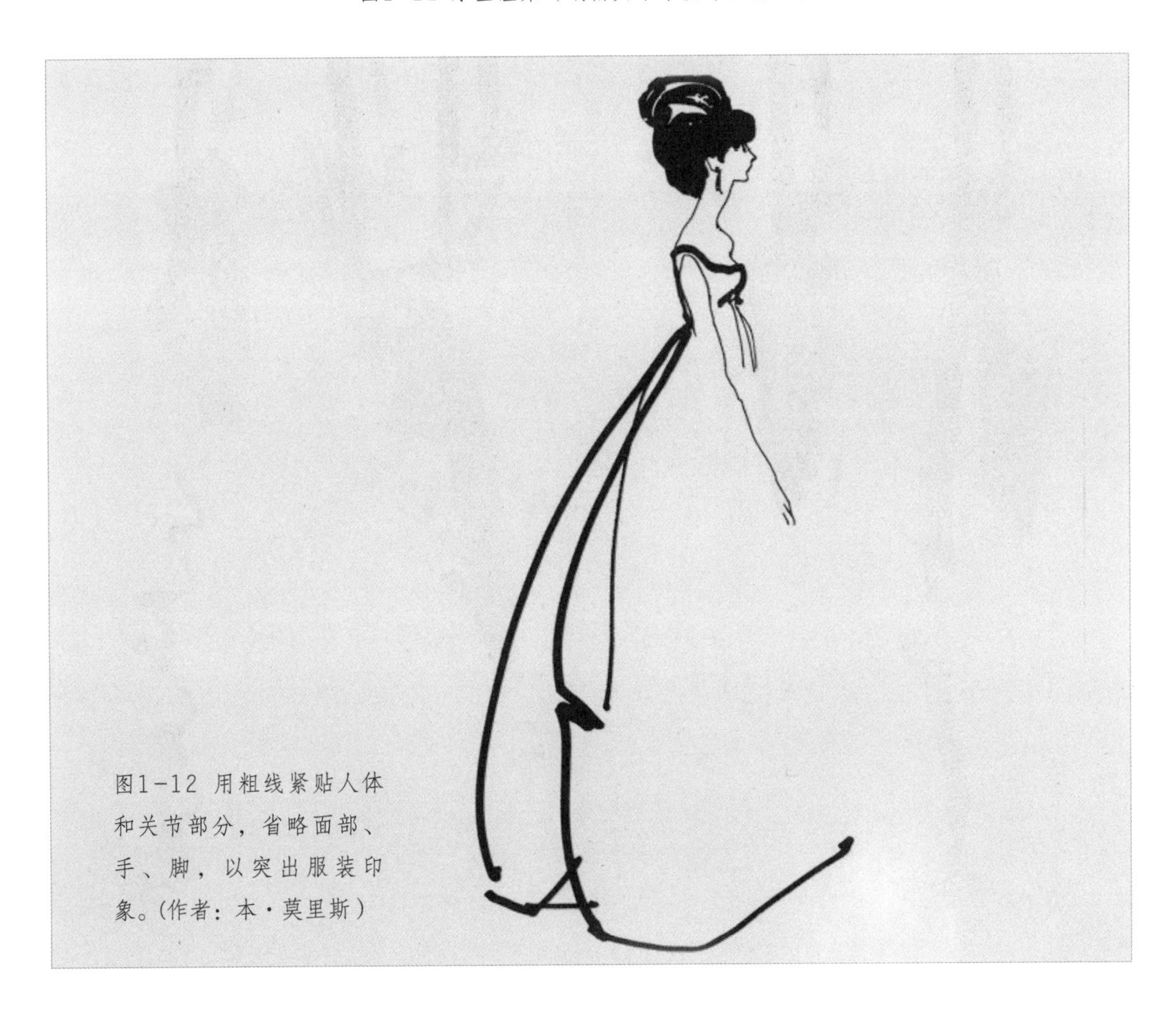

图1-12 用粗线紧贴人体和关节部分，省略面部、手、脚，以突出服装印象。（作者：本·莫里斯）

二、马克笔线条表现

马克笔用在时装画效果图中能产生直观效果。马克笔可以应用多层次的笔调组合产生丰富的色调，也可以在完成基础色绘制后用马克笔进行最后的勾勒以强调清晰醒目的效果。特点：马克笔很容易上手，擅长营造层叠效果。因为是一种水性介质，涂抹后会迅速干燥，所以实现色彩层与层之间的色混只能在很短的时间之内。缺点：马克笔线条锐利清晰不太容易达到色层混合的含蓄与稳重。

图1-13 马克笔可以在短时间内轻松达到直观效果（湖南女子学院学生作品）

图1-14 马克笔可以在短时间内轻松完成全彩效果图（湖南女子学院学生作品）

图1-15 马克笔勾勒外围，强调形象的清晰醒目效果。（湖南女子学院学生作品）

三、混合材料类型

混合材料的运用可以使时装效果图充满活力和乐趣，例如油画棒与松节油混合塑型，或者与水彩颜料结合产生特殊的肌理效果。色粉笔与有色纸的结合也可产生生动优雅的效果。拼贴是一种很好的技术，有利于理解形体的结构以及对人体轮廓和周围空间关系的研究。也可以寻找发现其他新颖的工具材料，如闪光材料、荧光笔、化妆品、指甲油、眼影等。

图1-16 混合材料（俄罗斯伊万洛奥纺织服装学院学生交流作品）

练习与思考

1. 时装画线描具有什么样的形式特点？
2. 时装画线描与绘画材质的选择有什么联系？

第二章
服装外型与内型的线性构成

服装外型与内型的关系就是服装设计中整体与局部的关系。在服装设计中，根据设计师追求的风格，确定服装的整体轮廓，然后在此基础上确定服装的内部结构。外型与内型要相互关联，相互协调，以达到全局观念强、形态感统一、局部特点鲜明的效果。线条在服装外型与内型的空间中有贯穿连接作用。服装中的线并不是单纯指几何概念中的线，也可以是各种点元素的连接，服装中不同种类和性格的线条会使服装风格迥异，形成一种具有一定秩序感与规律感的线性构成。

第一节 服装外型线描表现

服装外型即服装的廓型。廓形主要是物体的边界线亦称服装的轮廓线。服装造型的整体印象是由服装的外轮廓决定的，它进入视觉的速度和强度高于服装的局部细节。例如，远距离或夜间服装进入人的视觉首先是服装的外轮廓，然后才是服装的局部造型。服装的廓型不仅表现了服装的造型风格，也是时代服装款式风貌变化的一种体现。服装设计与建筑设计一样，是一种立体的造型设计，它运用比例与分割、对称与均衡、节奏与反复、多样统一等造型艺术手法来达到和谐完美的形式美。外形线是服装艺术造型的要素，也是服装造型设计

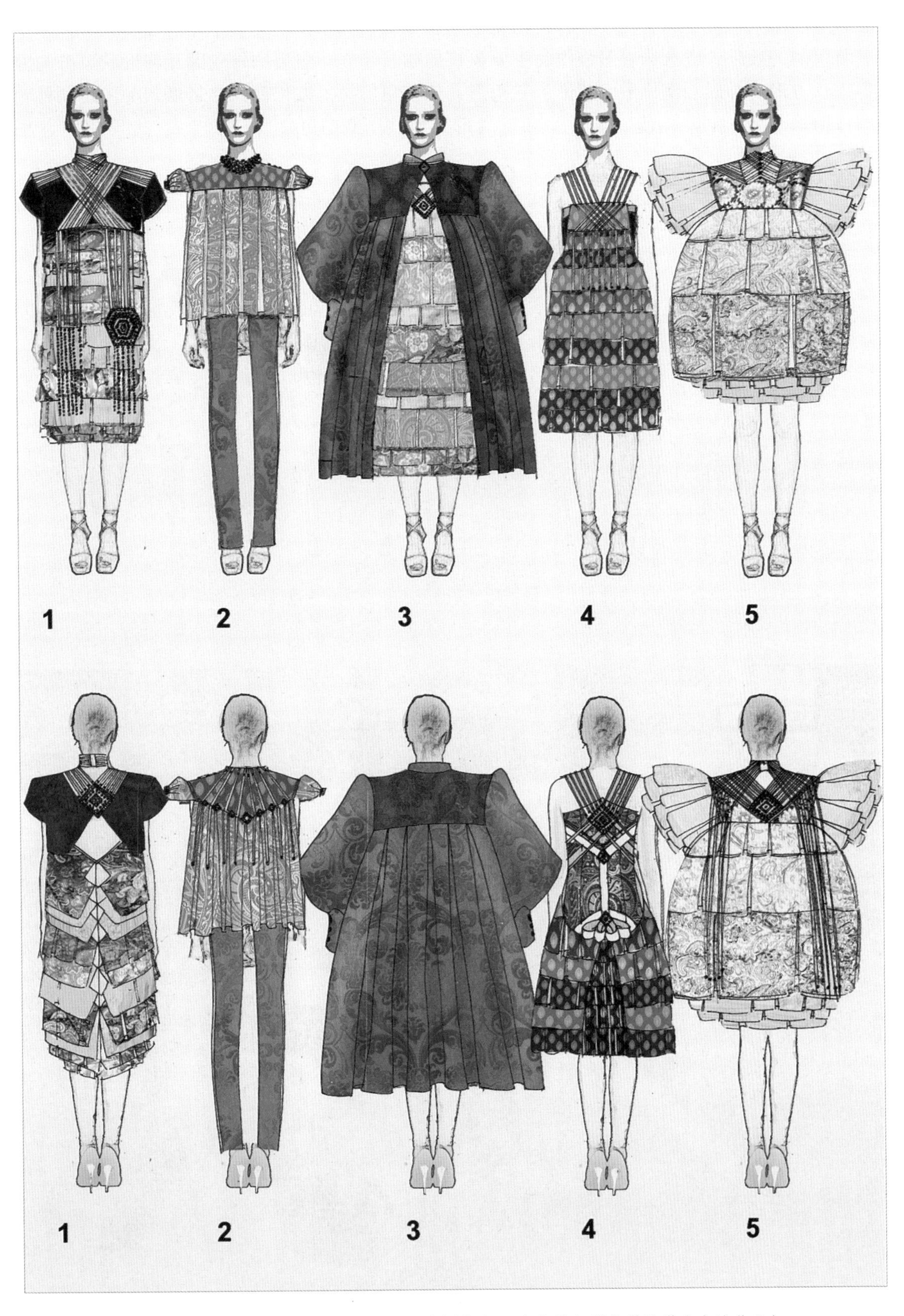

图2-1 服装外型与内型的线性构成（俄罗斯伊万洛奥纺织服装学院学生交流作品）

的基础和着眼点。服装三维空间中的外型轮廓是最能够引起人们的注意，服装外轮廓的形状能够显示出人体肩、胸、腰、臀各自的差别与变化，形成了一块覆盖个体的面，充分显示了服装整体的效果，也意味着服装作品主要风格的初步建立。服装的外轮廓几何形状可分为方形、长方形、梯形、倒梯形、球形、三角形、倒三角形等，按相似的字母形状分服装的外轮廓几何形状为：A形、H形、X形、O形、Y形。按结构造型可分为：紧身式、宽身式、蓬松式、直身式等。

图2-2 服装廓形线描（俄罗斯伊万洛奥纺织服装学院学生交流作品）

图2-3 服装廓形（俄罗斯伊万洛奥纺织服装学院学生交流作品）

图2-4 服装外型剪纸练习
（湖南女子学院学生作品）

图2-5 服装外型剪纸练习（湖南女子学院学生作品）

第二节 人体动态与时装线描表现

时装画线描的表现，首先要从人体的体积观念出发来寻找和组织线条。线条的表现要遵循人体动态的基本规律，选择最能表现形体结构的线。由于人体起伏的影响和人体在运动中力点的影响而产生不对称的外型变化，形成各种优美的动态和丰富的衣纹，以此塑造出生动耐看的形象。

图2-6 动态 （《服装艺术概论》插图，作者：张丹）

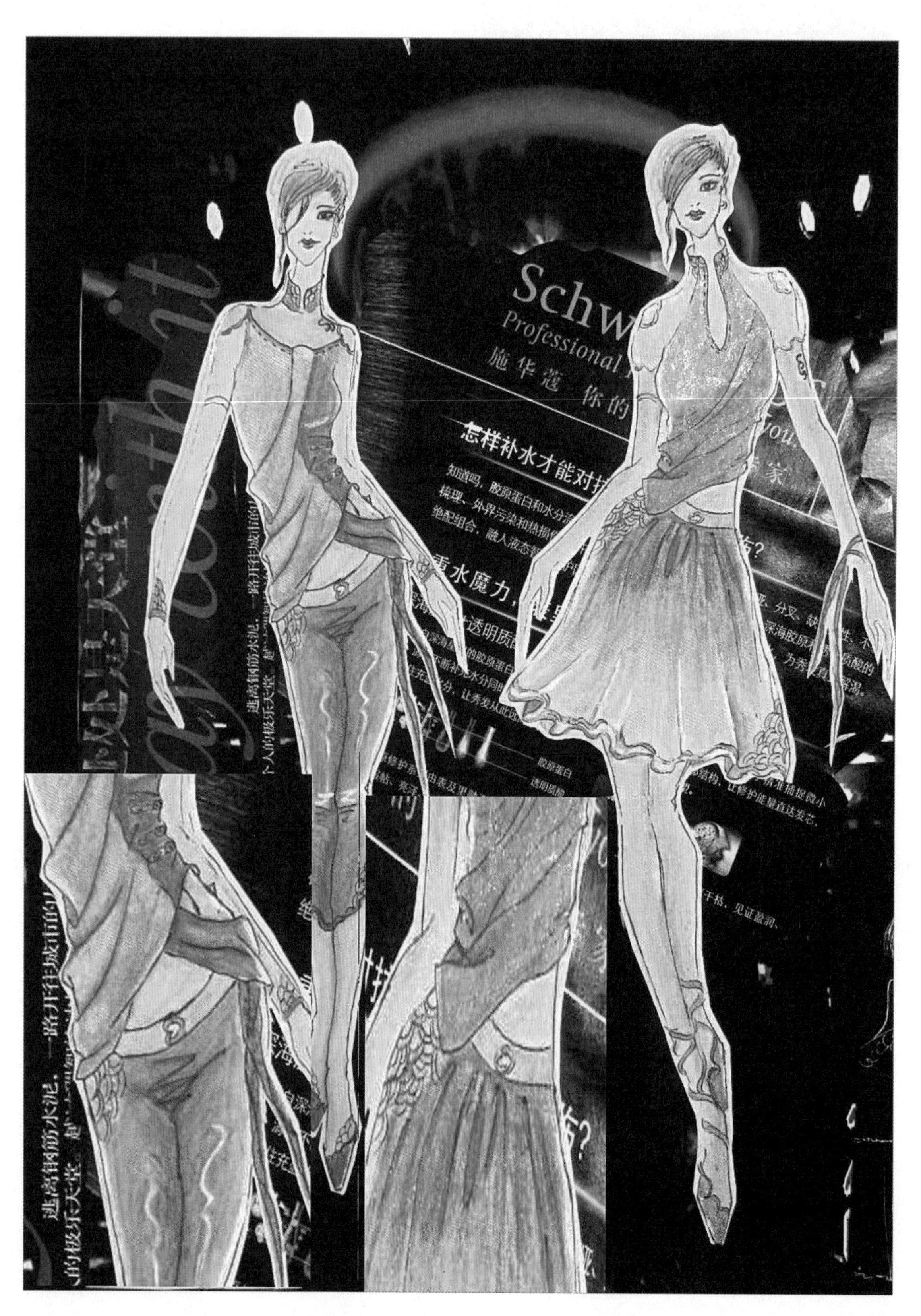

图2-7 动态 （湖南女子学院学生作品）

一、人体运动的重心线

人体是由多个骨骼和肌肉连接起来的杠杆系统，其动态变化万千，人体运动的基本规律即重心平衡的规律。重心线是分析人体动态的辅助线，能帮助我们掌握任何姿态的平衡状况。这条线从模特的锁骨中心点开始，然后垂直落在地上。人体的重心变化的关键点在于肩部和腰部。人体正面静止直立时重心点位于肚脐孔与地面垂直之间，当人体下肢侧伸把全身重量移到另一只脚上，重心线就会偏移，肩线倾斜，臀线往相反的方向倾斜。

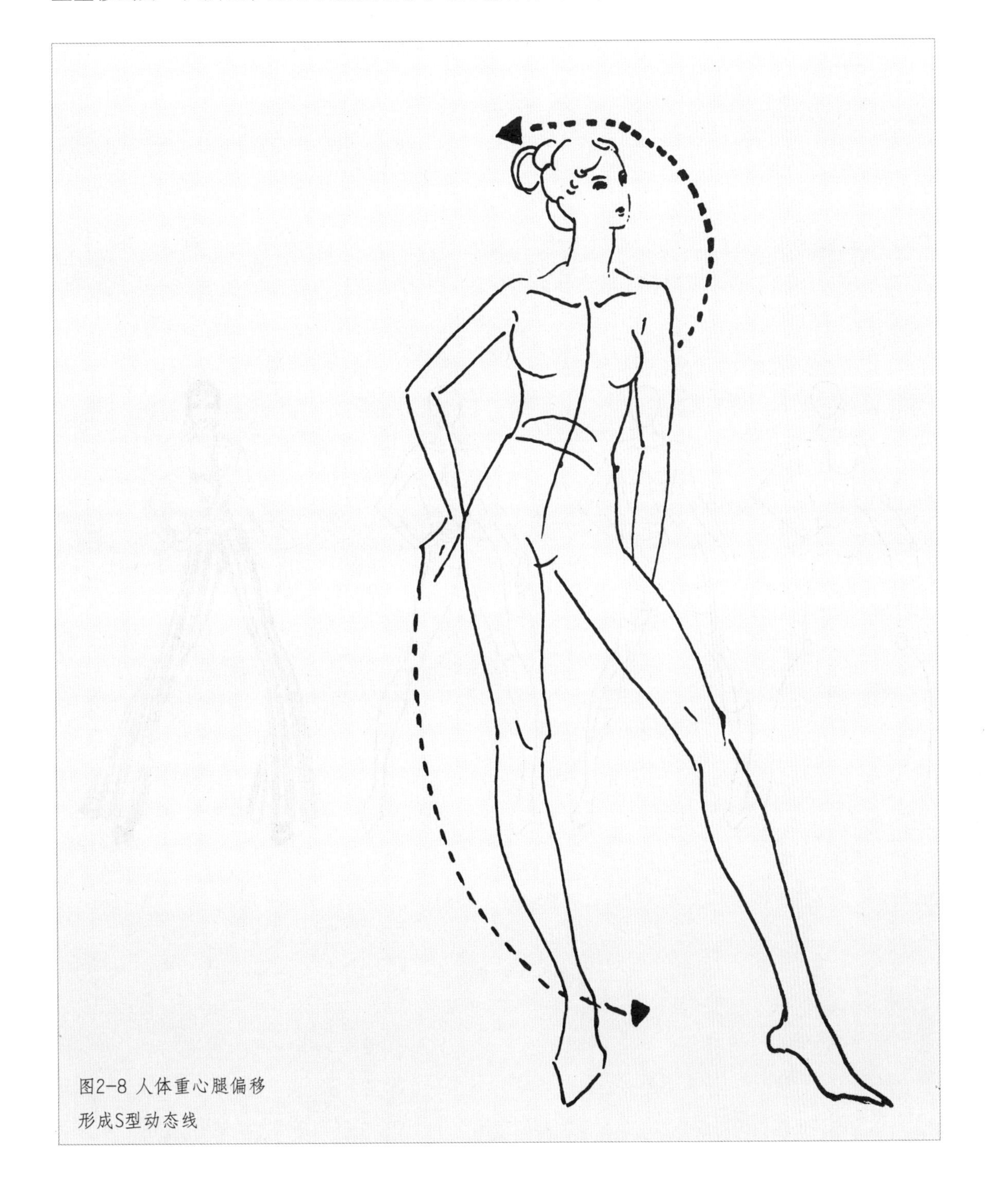

图2-8 人体重心腿偏移形成S型动态线

二、绘制常用姿态

模特的时尚姿态有什么共同点？姿态最主要的目的是展示服装。这表明模特们并不会躺下或弯下腰。所以他们常用的姿态约95%都是站姿，胳膊和腿不挡住衣服，动作简洁，给人干净利落的感觉。重心靠在一条腿上的姿势最常见。准确地画出重心腿的姿态，而另一条腿变成了“自由”腿，自由腿可以膝盖向内、膝盖向外地变化姿态，也可以配合改变胳膊、脸部以及发型，人物看上去会有更多的新意。

图2-9 正面姿态

图2-10 侧面姿态

图2-11 背面姿态

第三节 服装内型线条表现

服装的内型线条，即服装的内结构线，是体现在服装的各个细节拼接部位而构成服装整体形态的线。服装内型线依据人体而定，其塑形性和合体性是其首要特点，在此基础上还需要强调装饰达到美化人体的效果。服装的内型线条主要包括：褶，省道线，分割线等。

一、褶

褶是布料折叠缝制成多种形态的线条。褶在服装中运用十分广泛，根据其褶的位置、方向、量、技法，可以形成变化丰富的线条效果，根据形成手法和方式的不同，分自然褶和人工褶。

1. 自然褶

自然褶是利用布料悬垂性以及经纬线的斜度披挂或裁成一片在某处缝合或系扎起来，具有自然属性而形成的造型效果。自然褶往往线条起伏自如，优美流畅，具有自然飘逸的韵律感。

图2-12 自然褶中的重力褶 固定住布料一点之后形成衣褶沿重心下垂。（www.baidu.com）

2. 人工褶

人工褶具有代表性的是褶裥。褶裥是把面料折叠成多个有规律、有方向的褶，然后经过熨烫定型处理而形成的，根据折叠的方法和方向不同，可以分为工字褶、顺褶、明褶、暗褶。褶还可以利用针脚、橡皮筋、袋子等将布料自然收缩形成的抽褶和牵拉褶。

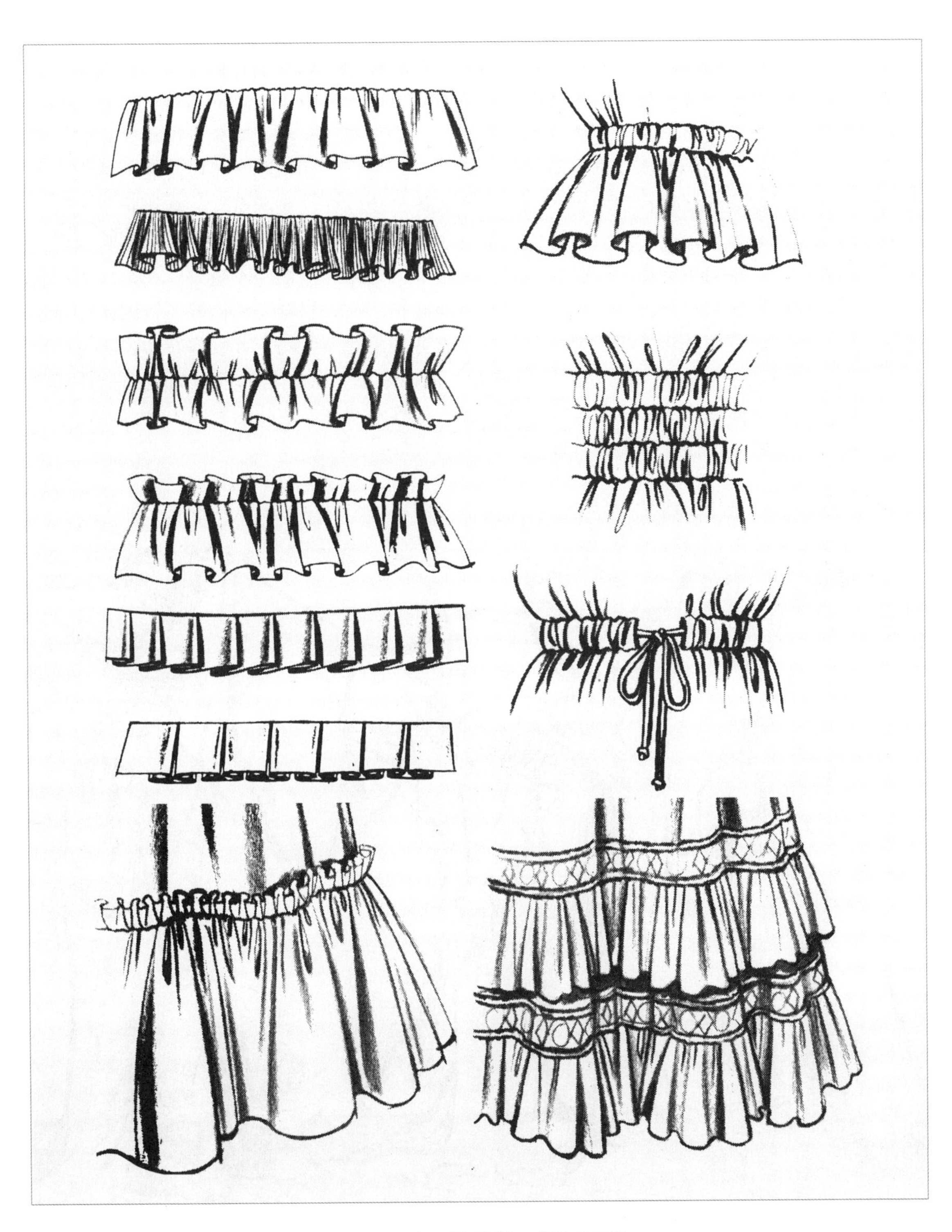

图2-13 人工褶 缝制工艺固定型褶

3. 力对线条的影响

外力的影响可分为自然力的影响和运动力的影响， 例如自然力中的风使服装的线条基本上向同一个方向飘动。而在运动中由于惯性的作用产生不定向线条。外力对线条的影响基本规律是，线条除贴身部分必须将人体结构骨骼点交代清楚，凌空的其余部分可以处理得自由生动，而且可以有意识地加强动势的张力感。刻画褶皱是绘制服装效果图的一个重要内容，这是因为它们能清楚地表现出服装的构造。衣服穿在人身上时会因为受到重力的影响而形成垂褶，另外还会由于特殊的制作工艺产生活褶、褶裥、抽褶，以及细碎褶。在绘图效果中给服装加入褶皱的结构细节，可以使模特的姿态更加真实可信。对于表现活动褶皱首先选择好模特姿态和绘画的角度是非常关键的。由于针对同一个姿态，有些观察角度能很好地表现褶皱的形态，而另一些则会遮挡或是对褶皱结构的表现不清晰。如果褶皱是围绕着人体形成，当人运动时会出现这些褶皱，我们会将这样一些人体部位称作“来源点”，褶皱将围绕着这些部位出现。地心引力是产生褶皱的另一个基本因素。我们能看到服装受到重力影响所形成的明显的衣褶，这些褶主要集中在服装的臀部和腰部。另外一些褶并不重要，在画效果图时需要省略才能更好地突出服装的款式。衣纹的走向起止，除衣服自身结构外，皆因人体结构而生。如：由两肩或两乳峰撑起处少衣纹，垂下衣宽处由此而生纹，若腰部转体，衣纹因牵制而斜向；手臂若上抬，抬手的外侧挤压成纹，通向腋下，头颈与肩部这间也因挤压而成纹，所以衣纹在身体动作的部位尤其密集和明显。观察随动态而变化的衣纹，不必画出所有衣褶，选择对强调动态有显著效果的部分。

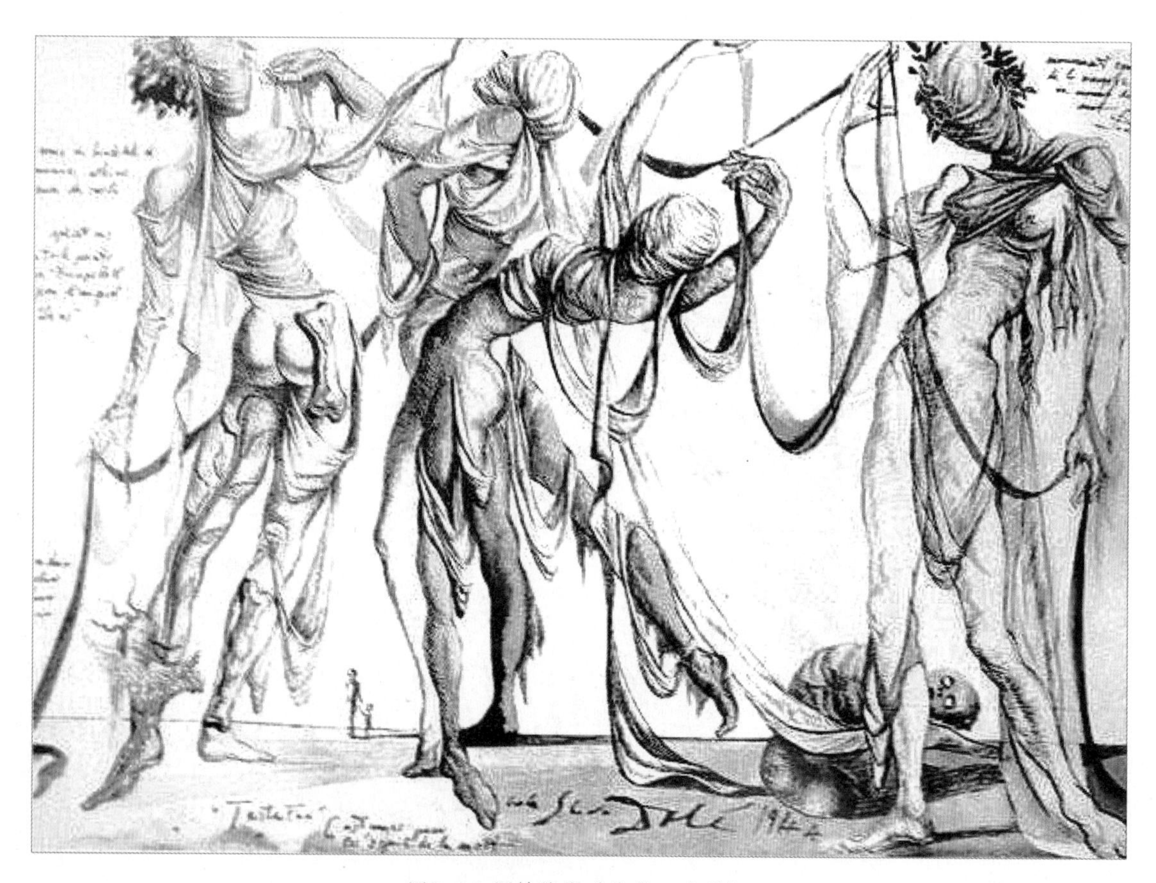

图2-14 褶皱缠绕（作者：达利）

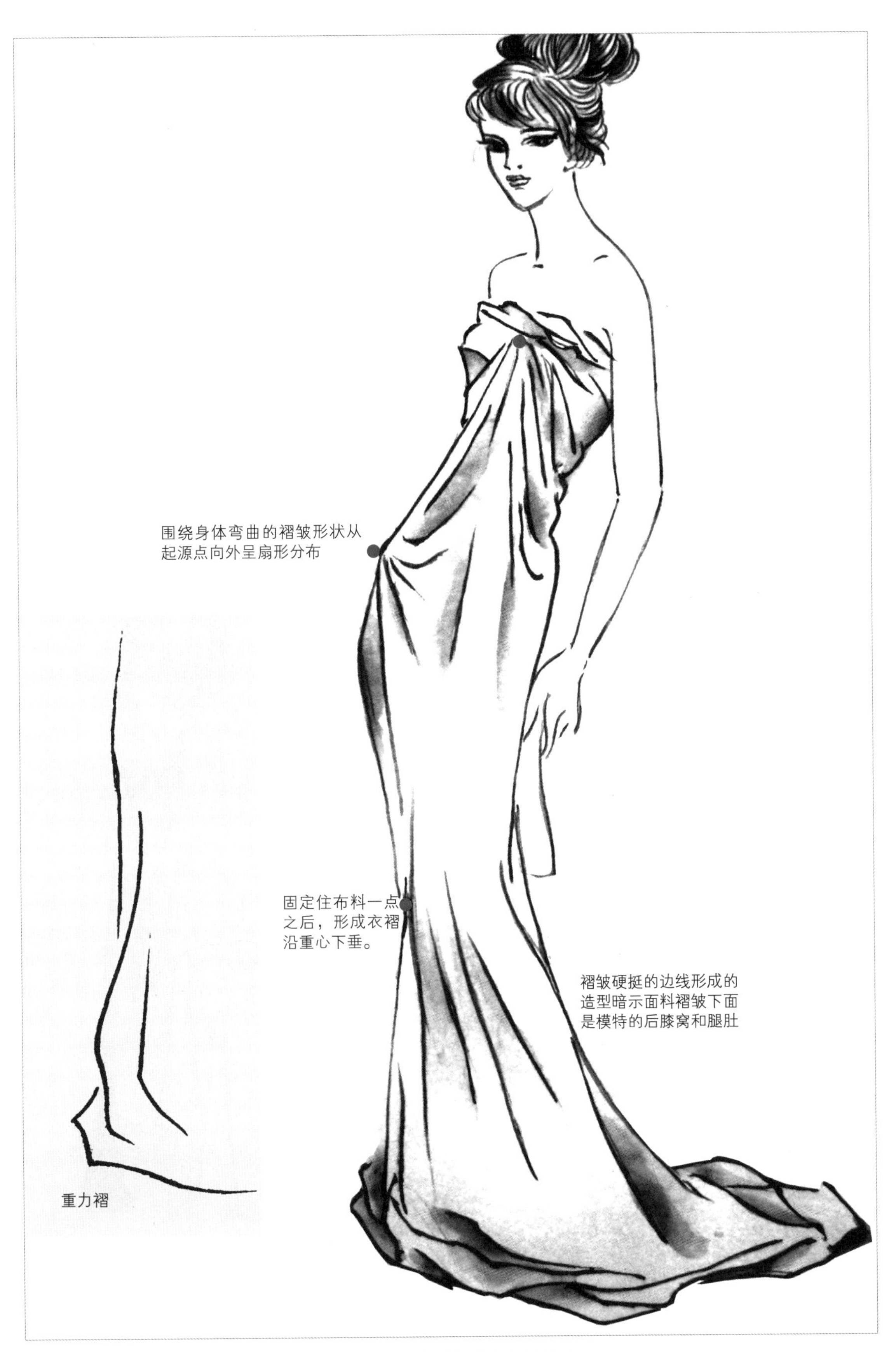

图2-15 重力对服装衣纹的影响

范画表现了一个身穿立裁长裙的模特，在这个范画中，你会看到模特身穿的长裙包含了由于重力作用所形成的褶皱，画者用一种极简的表现方法实现了对褶皱的趣味表达。褶皱的各种属性，其中一些是受到重力的影响生成的重力褶，一些则是缠绕身体时受到人体影响而产生的缠绕褶皱，还有一些利用服装缝制工艺产生的固定型褶皱。须找到构成褶皱亮部和暗部的样式，这个过程要简化裙子上繁复的褶皱，需要认真观察褶皱集合的形状和大小。通过褶皱亮部和暗部的刻画，可以表现人体的空间感和块面结构。

图2-16 筒状体积弯曲后衣褶成螺旋状（作者：宋佳）

图2-17 螺旋状褶皱（作者：胡然格格）

结构点：在一幅服装效果图里出现的所有褶皱都是为了说明服装的形状和结构。因此对于这些人体中能够活动并弯曲的部位或是关节的地方一定要认真观察和思考，分析这些部位是如何生成基本的褶皱的。产生这些褶皱的主要人体结构部位有：颈部，它连接着两个肩点；手臂，与躯干有连接点；肘部，可以产生各种弯曲动作；腰部，连接着躯干上部与盆腔；双腿，与躯干下部相接；膝盖，能产生各种弯曲的动作；最后就是脚踝，它起到联系脚和腿的作用。肘部、膝盖都出现了不同程度的弯曲，躯干上部与盆腔之间出现了明显的扭曲，你会看到有清晰的褶皱围绕这些主要的身体部位。由于构成褶皱的面料部分有一定的宽度和厚度，褶皱会表现出一定的体积感。

图2-18 褶皱表现体积感（作者：马珺筱）

褶皱与行姿：当模特在行走时，长裙的面料会跟随脚部摇曳摆动，形成优美的曲线。如果你要表现一个行走中的姿态，那么所画的服装一定要正确反映出行走的动作。通过面料的悬垂感来表现行走的姿态，可以使你的效果图画面更加优美。由于模特弯曲了膝盖，所以褶皱从这里开始向下和向外散开，形成三角形状。由于模特超前行走，所以形成的褶皱会随动势向下和向后流动。

图2-19 行姿产生的线条。（作者：谢嘉英）

简化褶皱：服装效果图注重艺术形式的简化，在表现褶皱时需要认真筛选，它需要抓住问题的关键点，省略一些不重要的褶皱刻画。然后用一种简明扼要的方法来解决，用画图表现褶皱的过程也要体现出这个原则。表现褶皱的关键在于运用基本表现法则，让褶皱呈现出漂亮、雅致和优美的形态。此外为了让画出的服装款式清晰且更加时尚，就需要对服装上的褶皱进行简化，着重刻画模特、服装细节和主要的褶皱结构。

图2-20 简化褶皱（湖南女子学院学生作品）

图2-21 重力形成的褶皱。（作者：王莉娟）

二．省道的线条表现

胸省、腰省、臀位省、后背省、腹省、手肘省等。省道是把布料披在人体上，根据人体起伏变化的需要，把多余的布料剪裁或缝褶（收缩）起来，制作出适合人体形态的衣服（立体裁剪时采用较多）。省道是围绕某一最高点转移的，形状呈三角形。省向内折，隐蔽暗藏，也称为暗缝。用于制作省道结构线我们都称之为省道线。

2-22 省道线（作者：周启凤）

三．分割线的线条表现

由裁片缝合时所产生的分割线条具有造型特点也具有功能特点，它对服装造型与合体性起着主导作用。分割线的构成美感是通过线条的横竖曲斜与起伏转折来表现的。分割线在服装造型中具有重要价值。它既能构成多种形态，又能起装饰和分割造型的作用，还可以改变人体的一般形态，从而塑造出新的带有强烈个性的形态。女装多采用曲线型分割线，显示出活泼柔美的韵味。男装则刚直豪放的直线是主旋律。

1. 垂直分割：与前后衣长底线垂直。
2. 水平分割：与前后衣长底线呈水平分割。
3. 斜线分割：与前后中线呈斜线分割。
4. 弧线分割：较圆顺的弧形线分割。
5. 弧线的变化分割。
6. 非对称分割，以及原型省道转移的变化分割。

图2-23 分割线（1）（作者：周启凤）

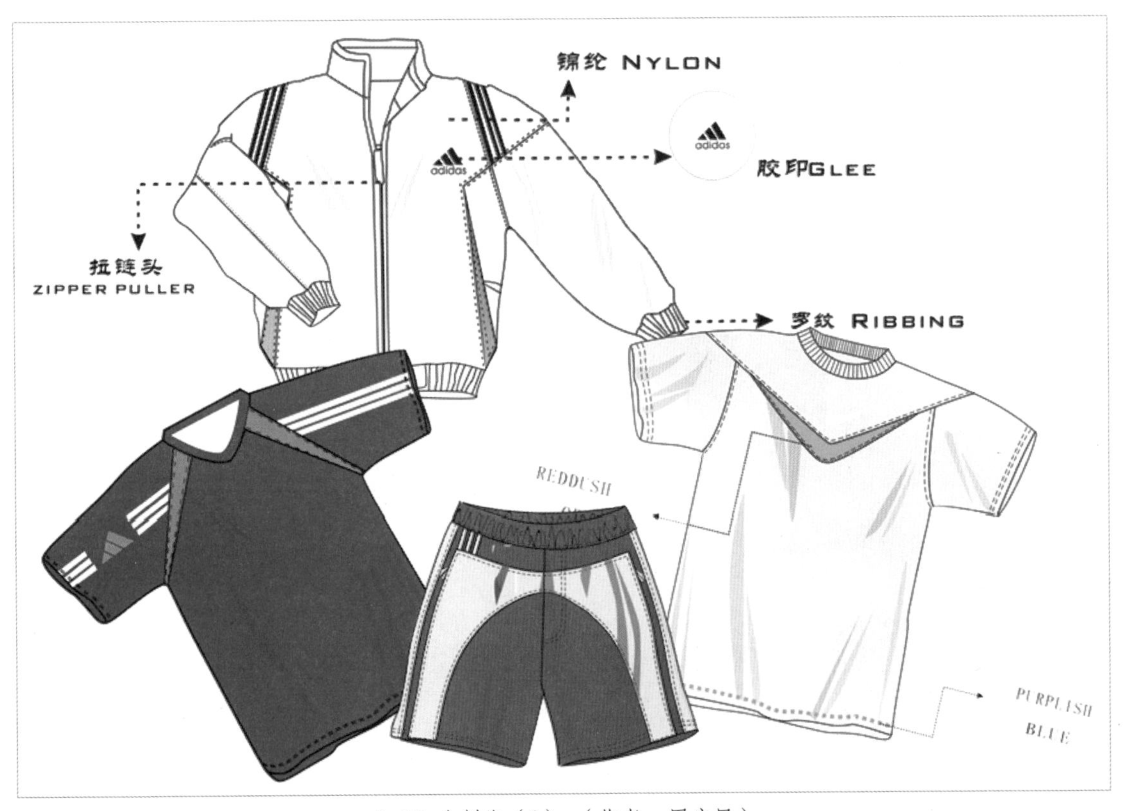

2-24 分割线（2）（作者：周启凤）

第四节 服装部件表现

服装局部造型重点突出在几个方面：领、袖、口袋、门襟是上装的重要组成部分，腰、臀、摆（脚）是下装的主要组成部分。通过对以上局部的造型表现，可以了解和掌握上装与下装造型表现的基本方法，掌握局部服从整体，整体中又有重点的设计原理。

一、衣领造型表现

领是人的视觉中心。根据领的结构特征，可以分为立领、翻领、翻驳领和领线四种基本类型。造型上，上衣中占主导地位的“领袖”，领是关键，因为领接近人的头部，衬托脸面的效果。

图2-25 领

（作者：周启凤）

1. 领线

领线基本型有一字领、方形领、圆形领、V字领及其他基本型领。其特点是只有领圈而无领面，它可以与适当的领片配合塑造领型，也可以单独成为领型。领线具有简洁、大方的特点，展示颈部的美感，不同的脸型可以搭配不同的领线。如：方脸采用圆领线、V字领线、不宜用方形领线、横领线。圆脸宜用方领、V字领线、不规则弯形领线，不宜用圆形、弧形领线。长脸宜用短颈领线，不宜用和颈领线。瓜子脸是较好搭配的脸形，可采用多种搭配领线，变化可多样。

2. 立领

立领是一种领面围绕颈部的领型。立领的结构较为简单，具有端庄、典雅的东方情趣。在传统的中式服、旗袍及学生装上应用较多。现代服装中立领的造型已脱离了以往的模式，不断出现新颖、流行的造型。

3. 翻领

翻领是领面向外翻折的领型。根据酚结构特征可分为翻领和连座翻领。根据领面的翻折形态可分为小翻领和大翻领，翻领的变化较为丰富，如：衬衣领、中山装、茄克衫、运动衫等。

4. 翻驳领

翻驳领是领面与驳头一起向外翻折的领型，如西服领、青果领等。翻驳领的领面一般比其他领型大，并且线条明快、流畅，在视觉上常起阔胸、阔肩的作用，给人以大方、庄重的感觉。

二、袖造型表现

衣袖的造型主要表现在袖山、袖口与袖形的长短、肥瘦的变化上。按袖的长度可分为无袖、短袖、半节袖、七分袖、长袖。按袖片的数量可分为独片袖、二片袖、三片袖和多片袖。按袖子装接方法的不同可分为装袖、插肩袖、连袖和组合袖等。按袖子造型特点可分为灯笼袖、喇叭袖、花瓣袖、钟形袖、羊腿袖等。归纳起来，常用的袖形可分为下列袖型。

1. 装袖

根据人体肩部及手臂的结构进行分割造型，将肩袖部分分为袖窿和袖山两部分，然后装接缝合而成。

装袖的范围较广，有直线式、卡腰式、半紧身式和扩展式等多种轮廓造型。装袖的袖山弧线长度一般大于袖窿弧线长度，根据造型有适当的容量，日常人们所穿的西装、衬衫等就是这种装袖形式。

2. 插肩袖

插肩袖的袖子与肩部相连，由于袖窿开得较长，有时甚至直开到领线处，因此整个肩部即被袖子覆盖。插肩袖的袖窿和袖身结构线颇具特色，流畅简洁而宽松，行动较方便，这种袖适用于大衣、风衣、短上衣、外套、连衣裙等。自由松身型的服装使用插肩袖结构效果更佳。但袖子放下时会出现较多的余位，与装袖相比，显得不够贴体。

3. 连袖

连袖又称中式袖、和服袖，这是衣袖一体，呈平面形态的袖形。由于不存在生硬的结构线，因此能保持上衣良好的平整效果。连袖在时装以及日常休闲时穿的长衫、晨衣、浴衣、家居服、海滩服中常被采用，具有方便、舒适、宽松的特点。衣袖穿着于人体活动量最大的

图2-26 袖（作者：周启风）

上肢，同时，对上衣的外形也有一定的影响。因此，袖的造型表现应注意以下几点：（1）袖的造型要适应服装的功能要求，根据服装的功能来决定，如西装袖可以适体一些，而休闲装袖要稍宽松一些。（2）袖身造型应与衣身协调。（3）运用袖子的变化来烘托服装整体的变化。袖不但要从属于衣身，并应配合领子的造型与衣身共同达到高度协调与统一。

三、袋造型表现

口袋是服装上的主要配件之一，种类多，形态变化也多。口袋除有实用功能外，还具有装饰功能（时装多用于装饰）。袋按造型大体可分为贴袋、挖袋和插袋。

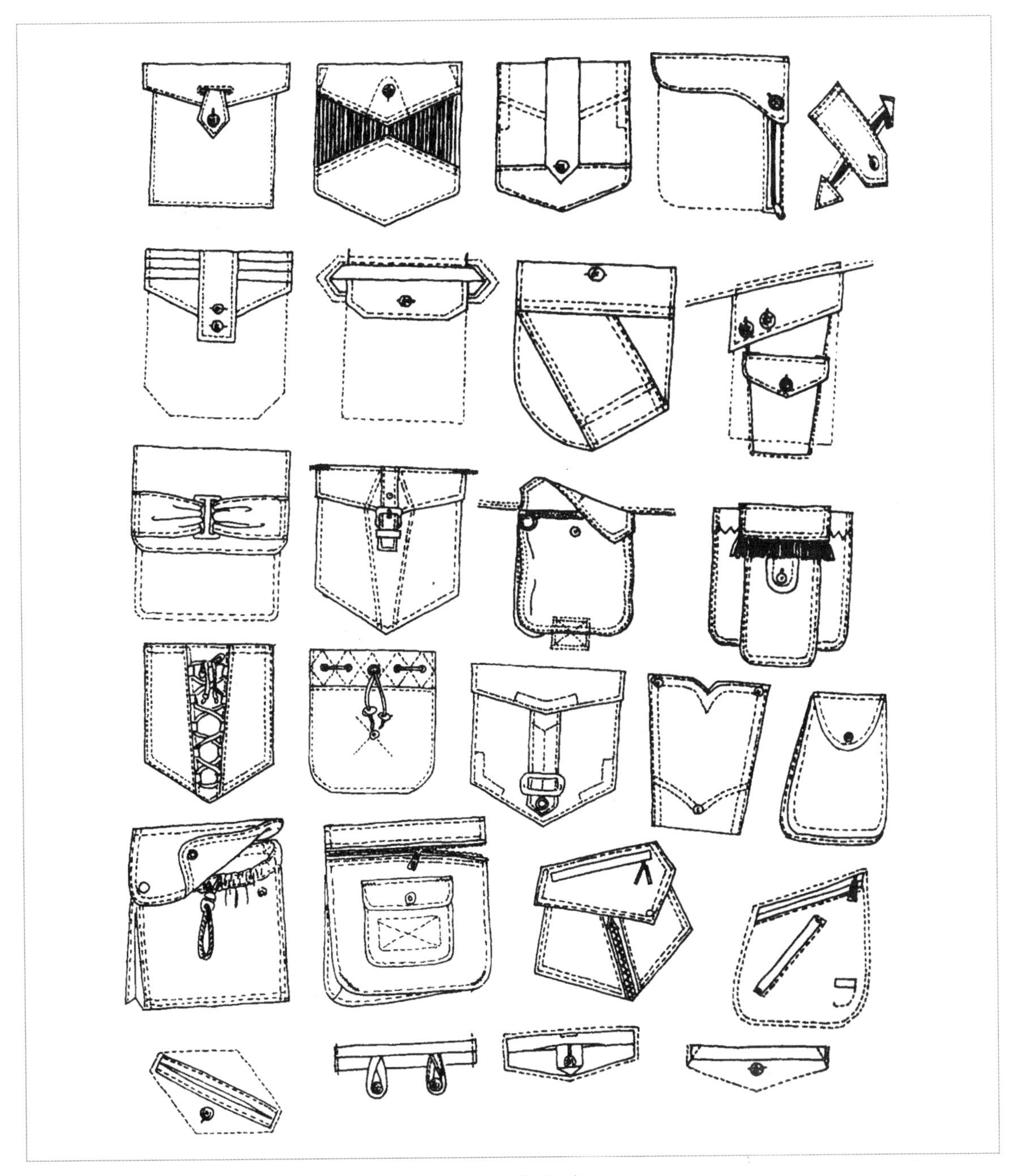

图2-27 袋（1）

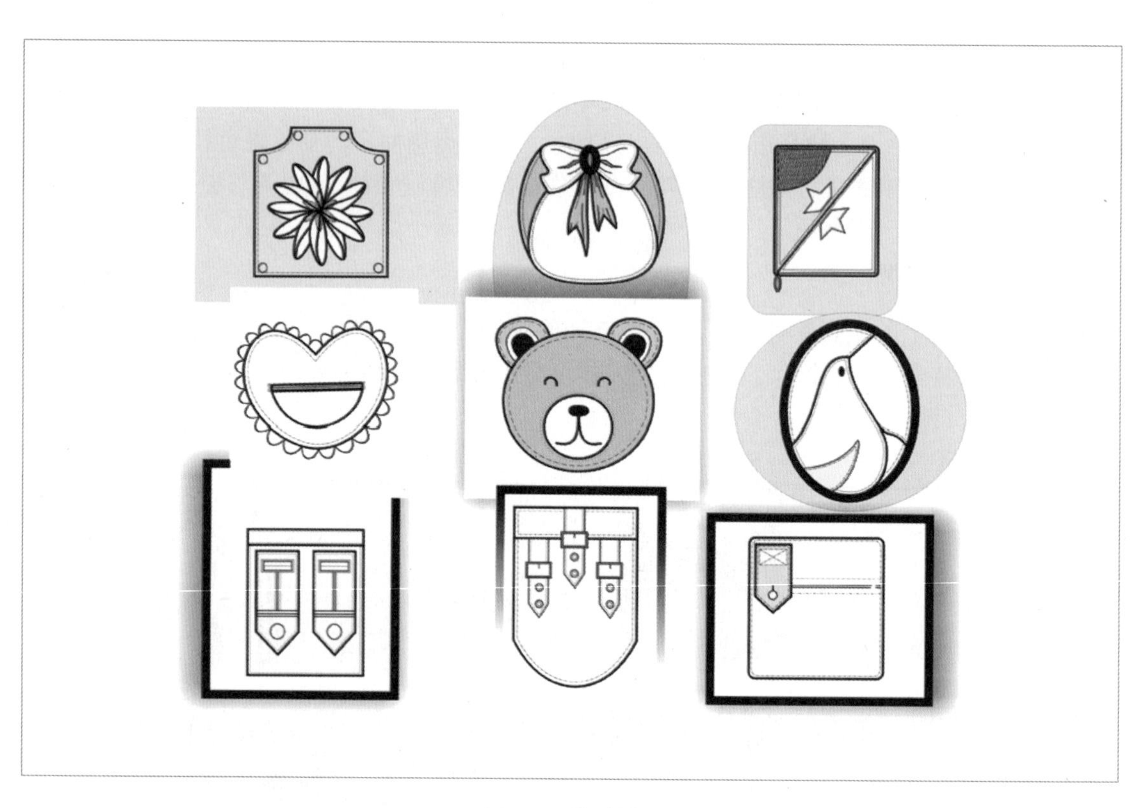

图2-28 袋（2）

图2-29 袋（3）

1. 贴袋

贴袋即贴缝在衣片表面的袋型，具有制作简单、变化丰富的特点，多为压明线。

2. 挖袋

挖袋的袋口开在衣片上，袋身则在衣身里，挖袋有袋唇（或袋线），也可用袋盖掩饰。

3. 插袋

插袋也称缝内袋，在服装拼接缝间留出的口袋，一般比较隐蔽、实用功能较强。总之在袋的造型表现上要注意局部与整体之间的大小、比例、形状、位置及风格上的协调统一。

四、门襟造型表现

门襟即上衣的前胸部位的开口，它不仅使上衣穿脱方便，而且又是上衣重要的装饰部位，根据门襟的宽度和门襟扣子的排列特征，可分为单排扣门襟和双排扣门襟。根据门襟位置特征，又可分为正开襟、偏开襟和偏肩开襟。

门襟的形态与结构应与衣领直接相连，对上衣有明显的分割作用。门襟的形态与结构应与衣领的造型相协调，门襟的长短和位置与衣身呈一定的比例关系，左右对称，体现均衡美。

练习与思考

1. 绘制人体正面姿态、侧面姿态、背面姿态各一款。
2. 人体动态与整体着装的表现规律和时装画线描表现之间的关系是什么？
3. 服装外型的造型需要注意哪些设计要点？
4. 服装设计的局部造型内容较多，如何把握好整体造型以及结构的设计？
5. 搜集服装局部造型图例。

第三章
服装面料的线描技法

服装面料的种类很多，软、硬、厚、薄、光、滑、毛等不同质感，不同面料质感表现手法也各有不同。例如：轻盈柔和的面料质感适宜用细线来表现，呢、麻、绒等粗纺面料的质感适合用粗犷厚重的粗线条来表现。总之，质轻的东西总是与淡墨、细软线条联系在一起，而粗糙质感总是与苍老、毛渴、颤笔线条相联系。质感很厚的物体与重墨粗线相协调。服装面料的线描技法没有固定的格式和规定，各种技法需灵活穿插使用才能得到不同的画面效果，而且只要是能表达出自己预想的面料效果还可以想方设法自创技法。

第一节 丝 绸

丝绸织物品种丰富，其特点是手感轻薄、细腻光滑、纹理精致、色彩艳丽沉着，给人以高贵、华丽、精美之感。丝绸的线描表现重点在于外形的勾勒要光滑、流畅、用力均匀，以强调服装轻薄感和飘逸感。亦可利用色彩的透叠表现丝绸层次的通透感。还有一种类型的丝绸，质感硬挺，光泽感很强，运动时还有沙沙声响，俗称绸缎。表现绸缎时，线条处理为疏朗的长线条，强调明暗对比的高光与阴影，如此，更能表现出绸缎的华贵、雍容的质感。丝绸属透明面料，其特点是具有良好的透光性，能看到面料之下的物体，所以背景色与服装面料颜色要一起考虑，以轻薄色彩为主，其中面料没有覆盖身体的部分用浅一些的色调，在面

图3-1 纱的质感表现（湖南女子学院学生作品）

料折叠的地方用深色调。透明面料常常会使用在其他的面料上，因此其色彩明暗关系会受到重叠的影响。

图3-2(a) 步骤一：透明面料一般比较轻柔，线条勾勒要光滑、流畅、用力均匀。

图3-2(b)　步骤二：为透明面料上色时要选用稀释的颜料，自身的颜色透明。面料上色的难点在于平衡覆盖在其他面料之上时透明面料的颜色变化和它自身原有颜色之间的关系，在绘画时避免反复涂抹，否则完成的效果会非常污浊。记住少即是多的原则，在上色的时候要有选择性地留出白纸的面积。

图3-2(c) 步骤三：面料的颜色重点要集中在褶皱的阴影处以及透明面料多次重叠的地方，而覆盖在皮肤上时透明面料的颜色看上去会更浅，只需要淡淡的一笔颜色就可以了。用白色彩铅对局部进行强调来使画面重焕生机。

绸缎面料的线描表现重点在于外形的勾勒要光滑、流畅、用力均匀，以强调服装轻薄感和飘逸感。绸缎面料光泽感强烈，反射大量光线，受到环境色影响，四或五个明度变化的颜色，反射的环境色，亮部和暗部的形状，但是在褶皱的大小宽窄上有所不同，通常来说会更纤细。

图3-3 绸缎面料表现（1）（安格尔作品）

图3-4 绸缎面料表现（2）（安格尔作品）

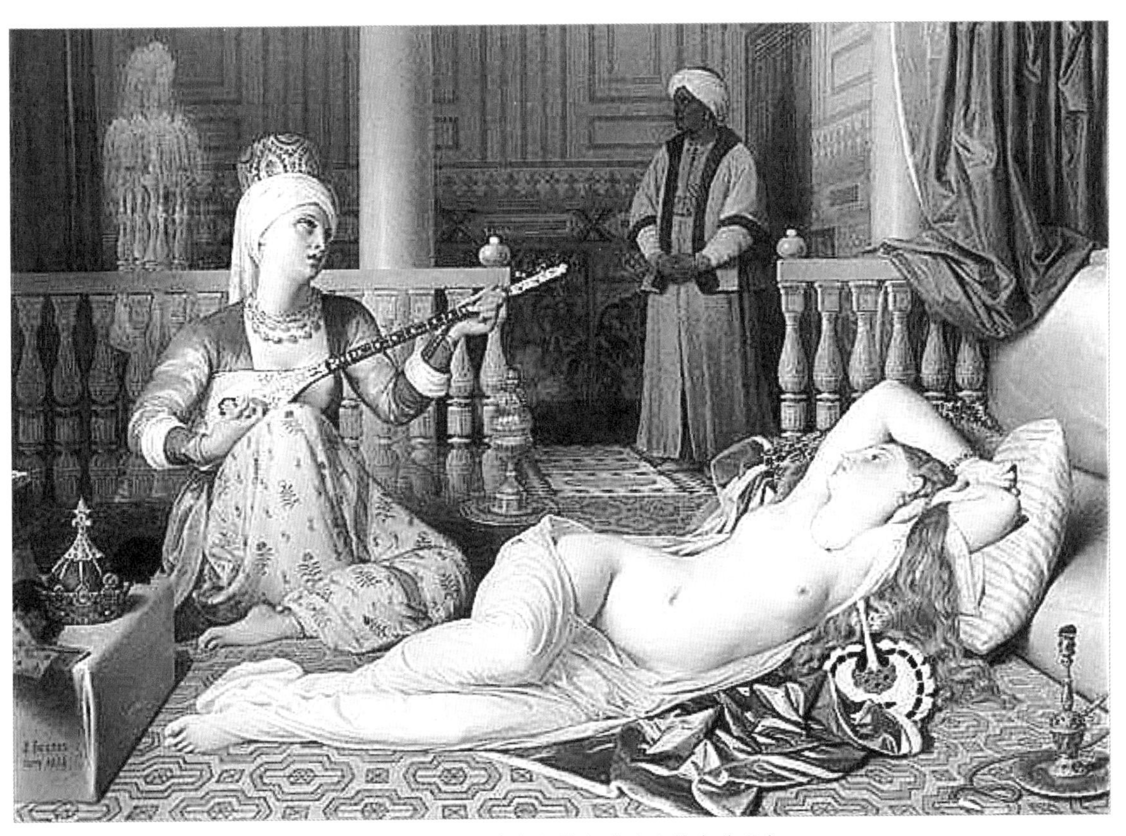

图3-5 绸缎面料的线描表现（安格尔作品）

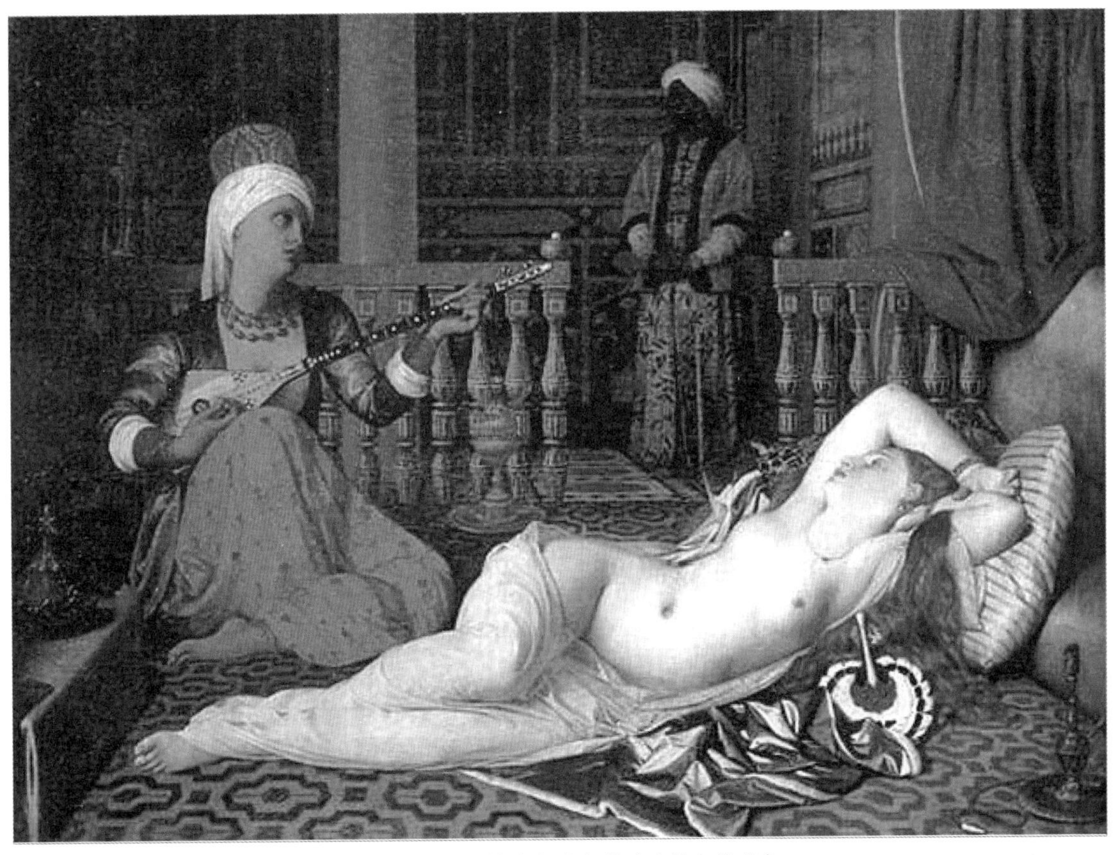

图3-6 绸缎面料的色彩表现（安格尔作品）

第二节 针织物

针织服装的外轮廓形和质地特征都很有特色。针织面料有各种各样的复杂花型，一些针织物看上去还会有雕刻般的效果。针织服装不外乎紧身型与宽松型两种。紧身型针织面料具有良好的弹性，穿着时紧贴人体，其线描表现重点在于真接在人体上勾画服装结构线。注意线条的变化围绕人体的起伏线形稍圆浑一些。针织物的结构纹路复杂而且有规律，利用模版的肌理或者是实物拓印效果都不错。宽松型的针织物重要的是要表现其柔软，定型性差的轮廓特征。线条下懈，呈现出松垮的外轮廓特征，皱褶少，线条圆。针织物的编织方式丰富多样，有凸凹、镂空、条纹、斜纹、格纹、乐谱纹等等，描绘针织物时，要概括地表现，可以利用油画棒、蜡笔与水不相融的特性来表现。在表现针织服装的外轮廓时则要用一种起伏不平顺的线条来表示凹凸编制效果。可以描画出面料上全部的花式纹样，也可以用简化的办法，只表现出在亮部和暗部相接位置上的花式特点。如果用肌理粗糙的底纹纸来表现针织面料的服装，会有意想不到的效果。底纹纸表面的凸起能帮助你实现粗糙的肌理效果，是一种最简单实用的办法。

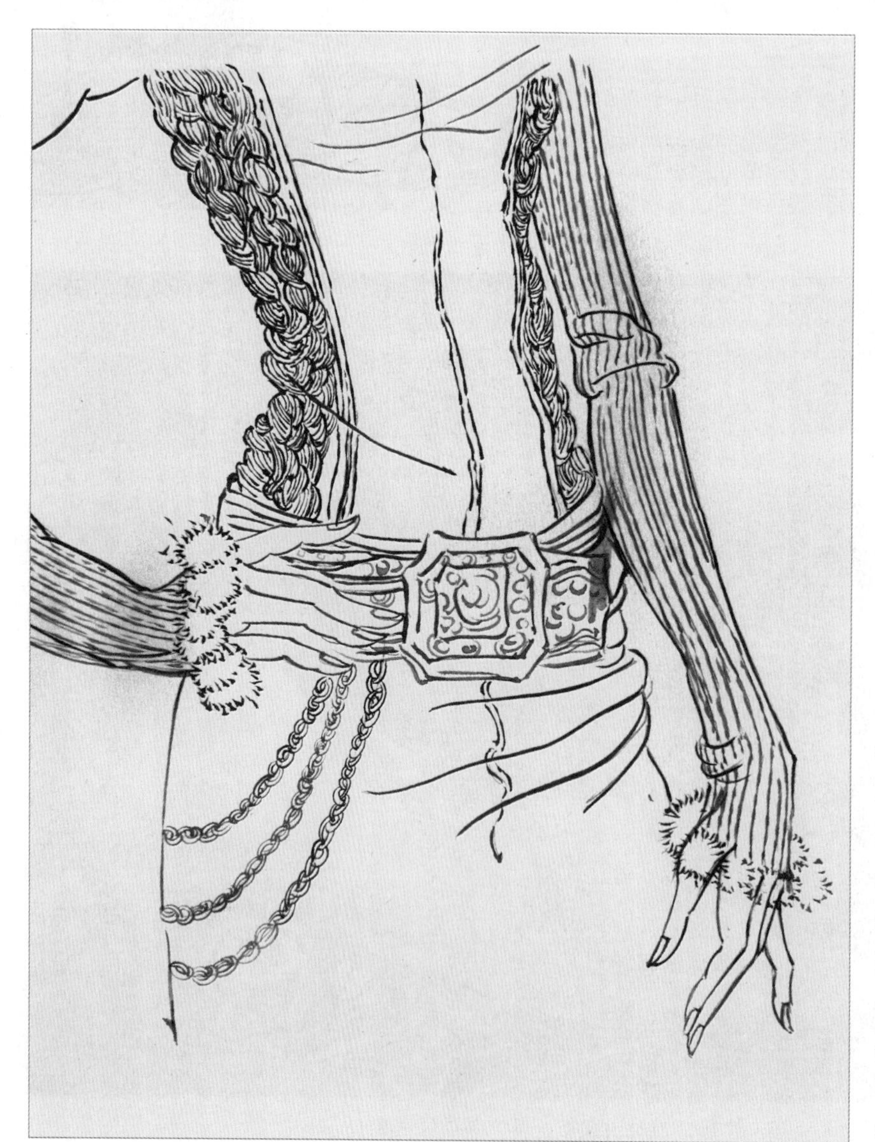

图3-7(a) 步骤一：在纸纹粗糙的水彩纸上用一种起伏不平顺的线条来表示凹凸编制效果，并画出针织面料的花式纹样。注意要安排好这些花型的位置，可以尝试在袖窿处安排一组花型。切忌花型纹样太多而服装看上去像盔甲一样生硬。

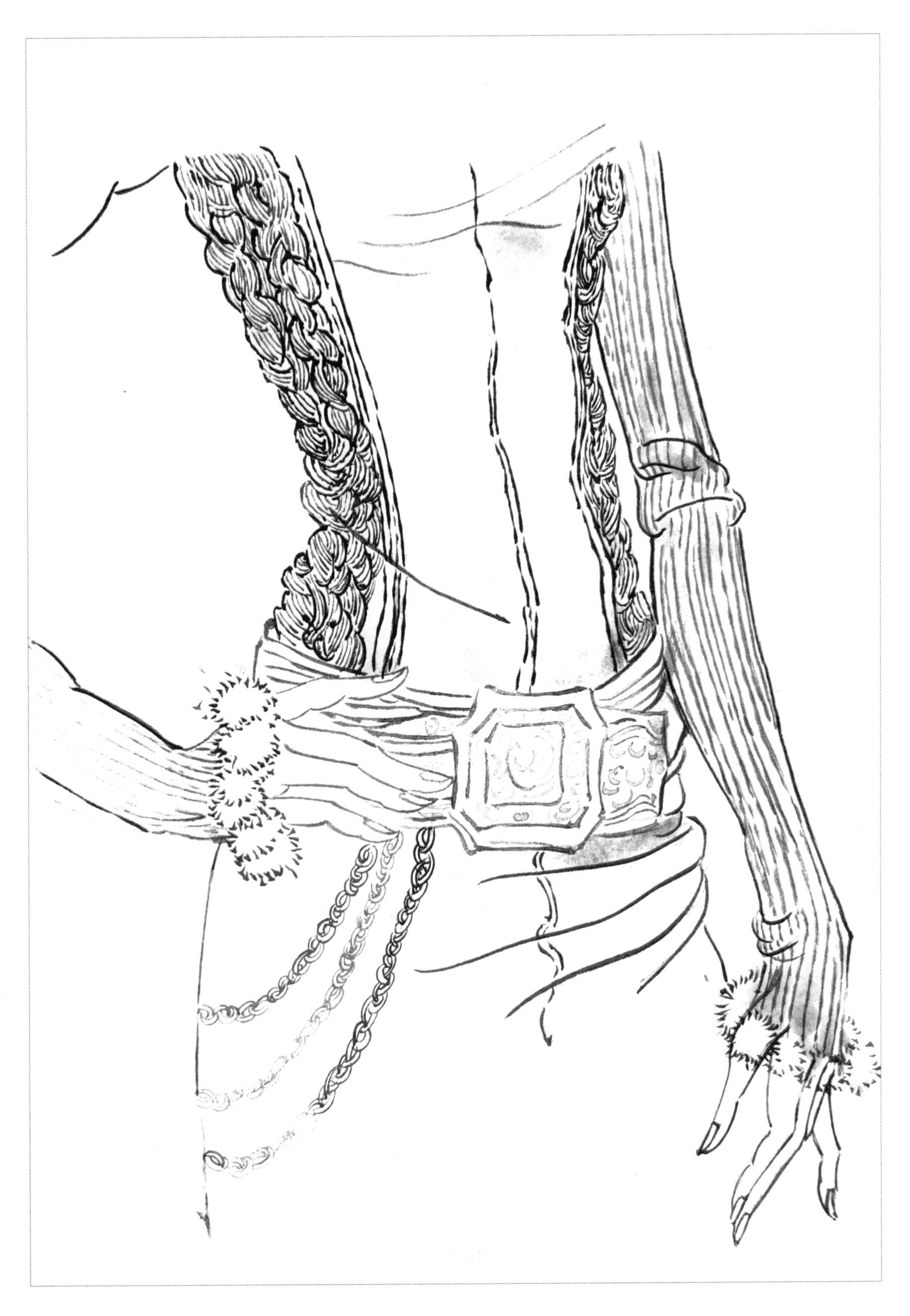

图3-7(b)　步骤二：平涂颜色，对留白和露出笔触的地方要谨慎对待，这和上色的部位是一样重要的。在第一层颜色上涂抹油画棒以加强面料的肌理感。

图3-7(c) 步骤三：用深一些的颜色画出阴影。在服装外形线的地方留出模糊的笔触能表现出开司米针织柔软膨松的质感。

图3-8 宽松型毛衣。(作者：张月华)

图3-9 紧身型针织面料具有良好的弹性，穿着时紧贴人体，其线描表现重点在于直接在人体上勾画服装结构线。（湖南女子学院学生作品）

图3-10 线条的起伏围绕人体的起伏，线条勾勒涩而不光滑，褶皱处稍圆浑。（湖南女子学院学生作品）

第三节 蕾 丝

蕾丝常在半透明薄纱或网眼布料的背景上镶嵌花纹图案。蕾丝可以用在其他任何面料的表面，并透出里面的面料，因此画效果图时就要考虑到服装的组合搭配。蕾丝的品种多样，从极其精美的刺绣蕾丝到非常普通的机织蕾丝应有尽有，可以适用于任何风格的服装。蕾丝的表现方法，主要应把握布料的透明度即可显露皮肤的程度。其线条特点是轮廓与结构线条要轻而飘逸并注意用笔的提按、顿挫。其花纹的复杂性，类似花边构成的组织结构，可以用拷贝转印的方法，并注意图案的虚实关系。

图3-11 蕾丝表现（作者：张夏桐）

图3-12 蕾丝表现（作者：加山又造）

第四节 皮 革

皮革服装质感特点是挺而有弹性，光泽感强，尤其是皮革服装穿着于人体时，肘部、肩部、膝盖部等关节屈伸处挤起褶纹的地方易产生高光，即凸起的地方很亮，凹下的地方很暗。皮革表现的关键就是“光泽感”，利用强烈的明暗色对比的方法能够很好地表现其质感。皮革属于较厚的服装面料，线条应该硬而圆浑。

步骤一：首先要考虑的是面料在服装中暗部和亮部的位置，用硬而圆浑的线条勾出基本形。步骤二：平涂第一层色彩，而靠近缝合线留白的部分是需要突出表现的部位。深色表现出一种更精致的暗沉效果，同时还烘托出皮革上的起伏处理。这层深颜色与需要强调的白色高光部分形成了强烈的对比和反差。步骤三：黑色软芯铅笔给服装涂上一层微妙的色彩，统一整件服装的色调，同时能更好地加强皮革面料的纹理特征，表现出厚实而富有光泽的质感。

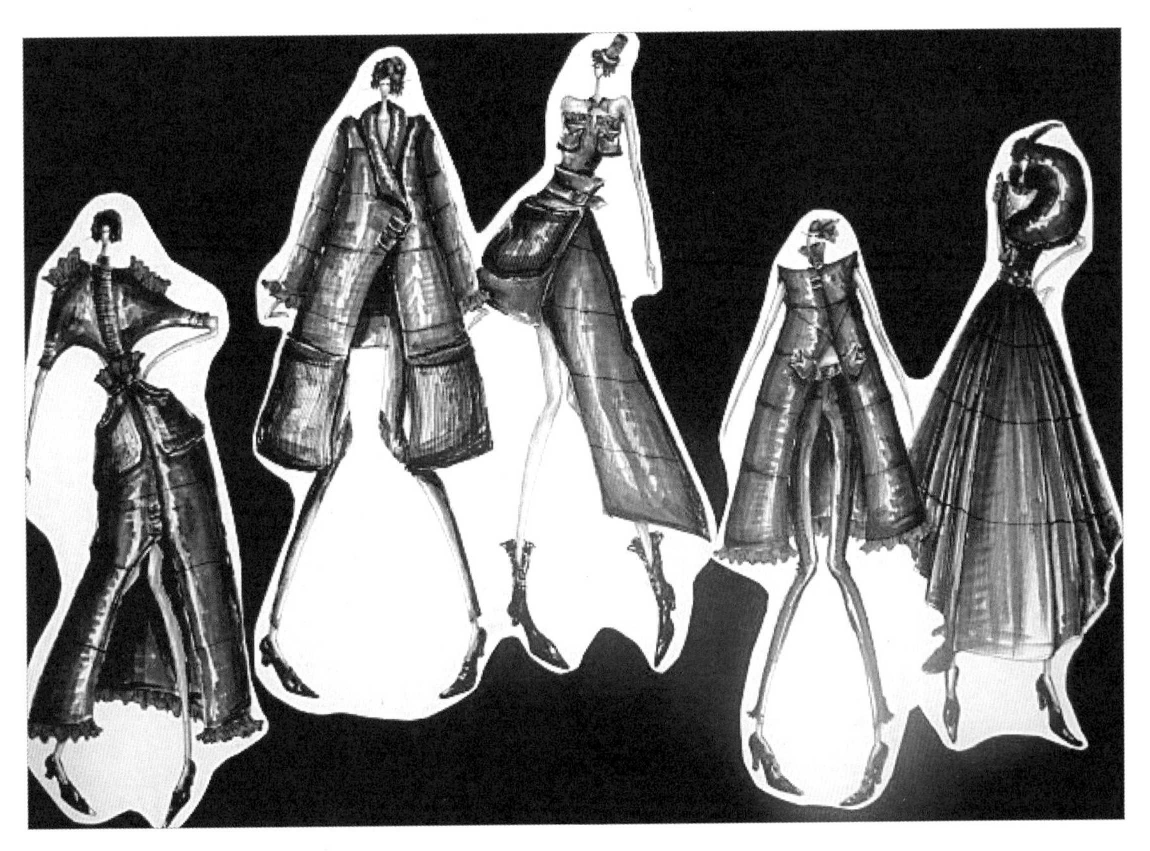

图3-13 皮革服装表现（湖南女子学院学生作品）

在表现毛皮面料的时候要注意区别长毛、短毛和卷毛的画法。毛皮服装通常很厚重，因此不会出现大的褶皱痕迹。毛皮质地柔软，可以通过湿画法和参差不齐的水彩笔触用两个明度的颜色表现出基本的软毛效果，然后用铅笔、炭笔，或是色粉笔在上面加入深色的线条作为第二个层次。注意毛皮服装的外轮廓线不是闭合的长线条，而要用很多碎线组合表示出锋的毛针。步骤一：上色前先用长短粗细变化不一的线条表示出毛皮的基本质感，上色时通

图3-14 毛皮服装表现（北京服装学院王虹作品）

常采用同样形式的线条。阴影地方的线条颜色要更深些，以便能营造一种真实的体积感。步骤二：以接近毛皮实物的颜色为主色调，把与之相近的各种颜色有效地穿插使用，这样可以充分表现毛皮的厚度和空间感，使用软芯铅笔则能加强毛皮柔软膨松的质感。步骤三：注意在服装轮廓线的位置留出底色。通常毛皮的表面会有光泽感，这就需要依据服装结构画出高光。深入刻画时保留最初的外轮廓线，表现出毛皮面料反光和时髦的效果即可，不要反复涂抹以免画面杂乱。

第五节 牛 仔

牛仔布是一种质地结实的粗斜纹棉布，质地厚重，因此也不会出现长线条的褶皱痕迹。线条多以碎线组合，用较为坚挺的线条勾出牛仔裤的基本形，在胯裆部位有“微笑”形状的褶皱，用双线勾出牛仔缝线以及缝线上下的小软褶。注意口袋周围的铆钉，用笔在第一层擦拭出粗糙的质感，运笔要迅速，留下粗糙的笔触。第一层颜色干透后，用白色的彩色铅笔在上面画一些细线来代表面料织纹的方向，用小笔刷和水分颜色或是中性笔可以画出裤子上的金色线迹。缝纫线、钮扣、铆钉等增加的细节刻画使关键特征更明显，然后要加入带纹理的面料以体现主要的肌理效果。上色不要过度，注意保留上一步的留白和笔触以保持画面的新鲜感，对照所要表现的面料实物增加最后一层细节。

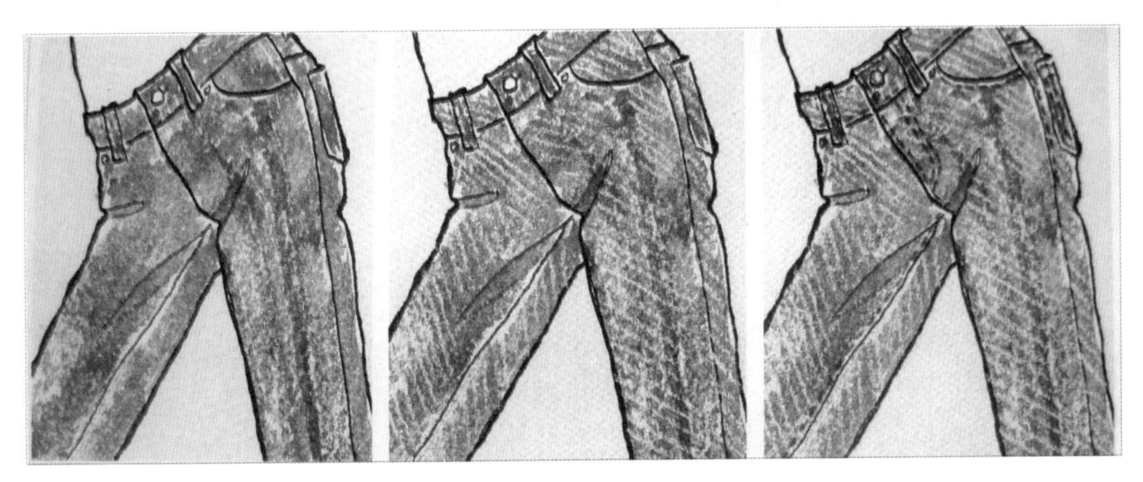

图3-15 牛仔面料表现步骤

第六节 花色布料

画花色面料的方法很多，两种常用的技法：厚画法与薄画法。厚画法是用水粉颜料涂好服装底色，然后描绘重点花纹图案，再涂上明亮的颜色。薄画法类似国画写意的手法，滋润而且不拘谨，可以等底色干了以后画花纹图案，也可以在未干的时候画上图案花纹从而产生含蓄的晕染效果。亦可以根据花纹的颜色类别，用蜡笔或油画棒先画出花纹然后罩上布料底色。服装面料上的花纹织绣图案等细节装饰无须强调，不要画得太粗太重以免喧宾夺主。

图3-16 按实际的迷彩花纹图案在整个面料上画满纹样（湖南女子学院学生作品）

图3-17 表现花色面料头巾顺线条穿插，只渲染二或三处局部花纹。（北京服装学院宋玖玲作品）

练习与思考

1. 简述绘制各种面料的方法。
2. 绘制一款礼服。

第四章
时装画线描的艺术处理

时装画线描的艺术处理是作者艺术修养、个性、爱好的整体体现。因此，形成某种较为固定的审美倾向和意识趋向，由此产生较为统一的艺术表现方式。

第一节 写实表现

写实表现法就是真实地表现自然对象，重客观。此种表现手法需要有较强的绘画功底，写生造型的能力强。用写实表现的手法处理时装画线条时不能原封不动，必要的概括提炼，舍弃不必要的细节以强调和突出主题，从而达到整体协调。

图4-1 写实表现（作者：马珺筱）

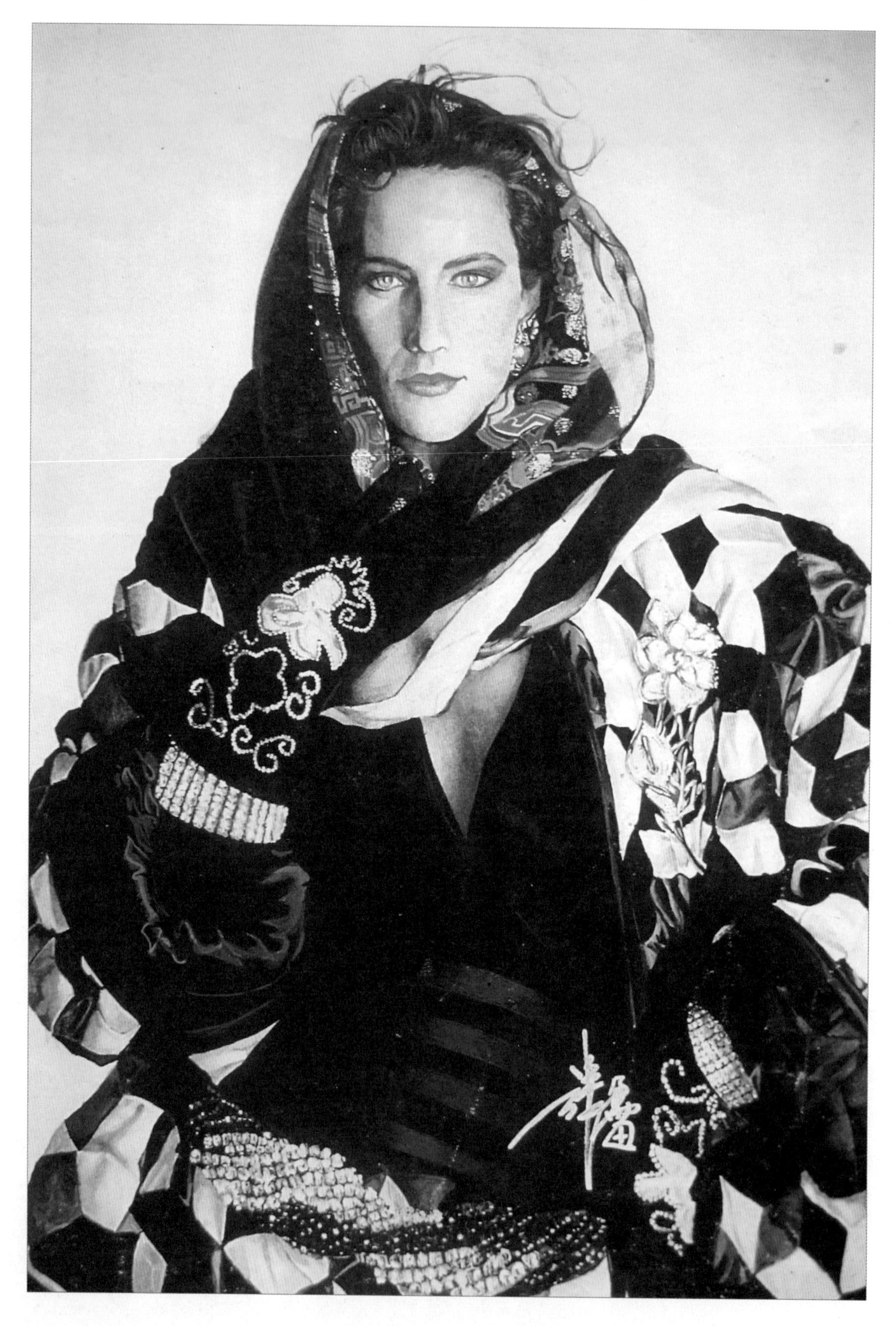

图4-2 写实表现（作者：张蕾）

第二节 写意表现

写意表现与中国画的水墨写意一样，强调“意在笔先”，以简略的笔调，淋漓豪放的墨色效果，即自由放任又虚实有致的线型结构，表现客观对象最有性情、最有特点的形态，称之“逸笔草草，直舒心中臆气”。时装画的写意表现法应着力表现服装内在的神韵和气质，线条表现重点在于用笔的轻重缓急、抑扬顿挫、方圆精细、干湿浓淡，从而追求画面水墨酣畅的清爽之气。

图4-3 表现性线条（作者：长泽节）

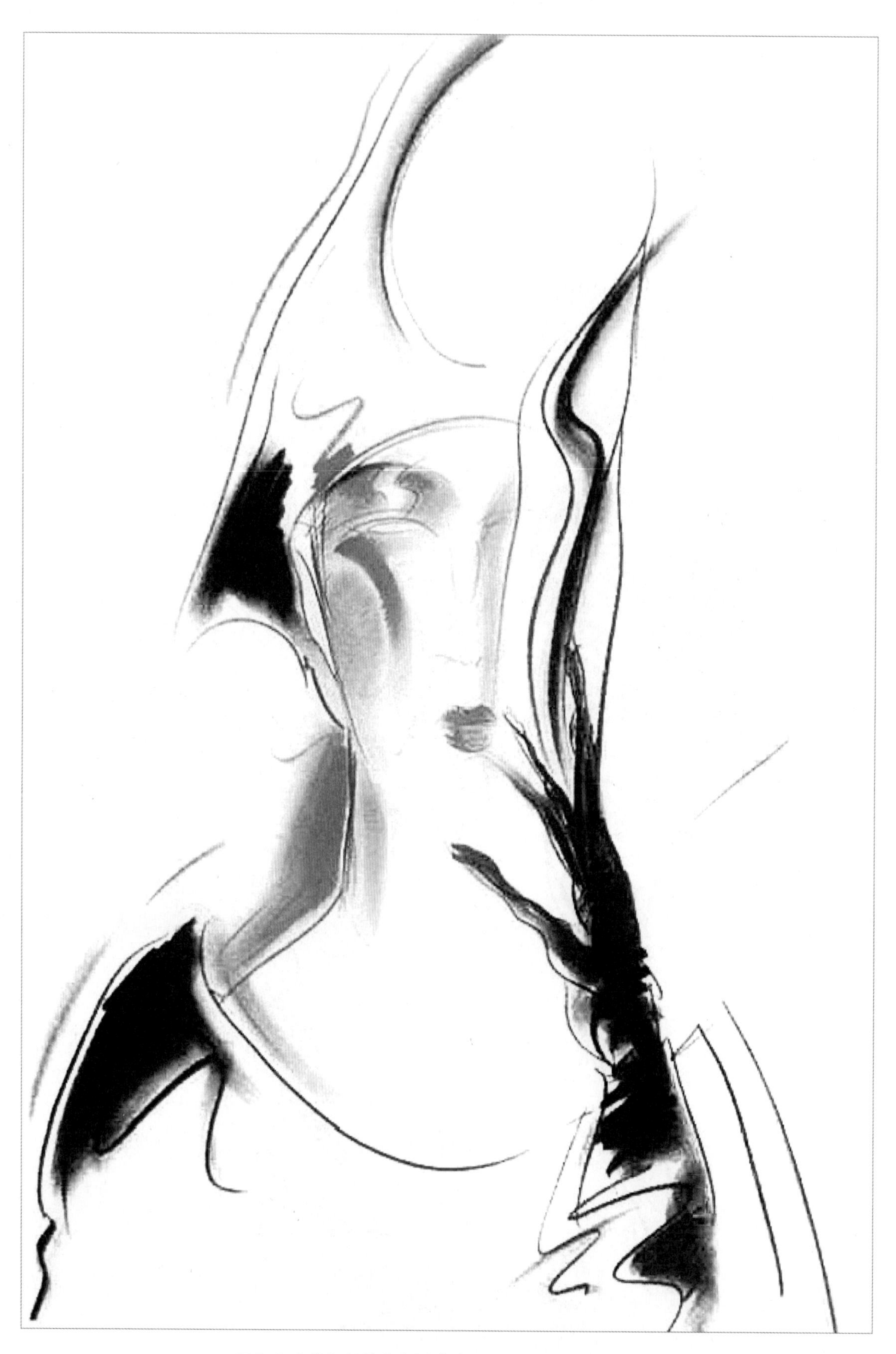

图4-4 夸张概括性线条（作者：HenriMatchavariani）

图4-5 夸张概括性线条（作者：HenriMatchavariani）

第三节 装饰表现

时装画的装饰表现介于具象与抽象两个领域之间，即一种高度概括、归纳理顺、分解组合的方法。装饰表现的特点是：化繁杂为简洁，化具象为抽象，化立体为平面，化不规则的形体为规范，将抽象的形体具象化，将自然形体程式化。装饰表现法的线条重点在于删繁就简，只取“赏心悦目两三枝”，减除非本质的东西，突出形象的本质特征。同时为了主要部分更为突出，又可以进行线条的添加和修饰。

图4-6 平涂勾线（作者：徐晶）

图4-7 色块拼接勾线（作者：马茨）

图4-8 留白勾线（作者：乔治·巴贝尔）

图4-9 色块反衬线条（湖南女子学院学生作品）

图4-10 黑白色块反衬线条（北京服装学院顾世欣作品）

图4-11 趣味性线条（作者：吴彦）

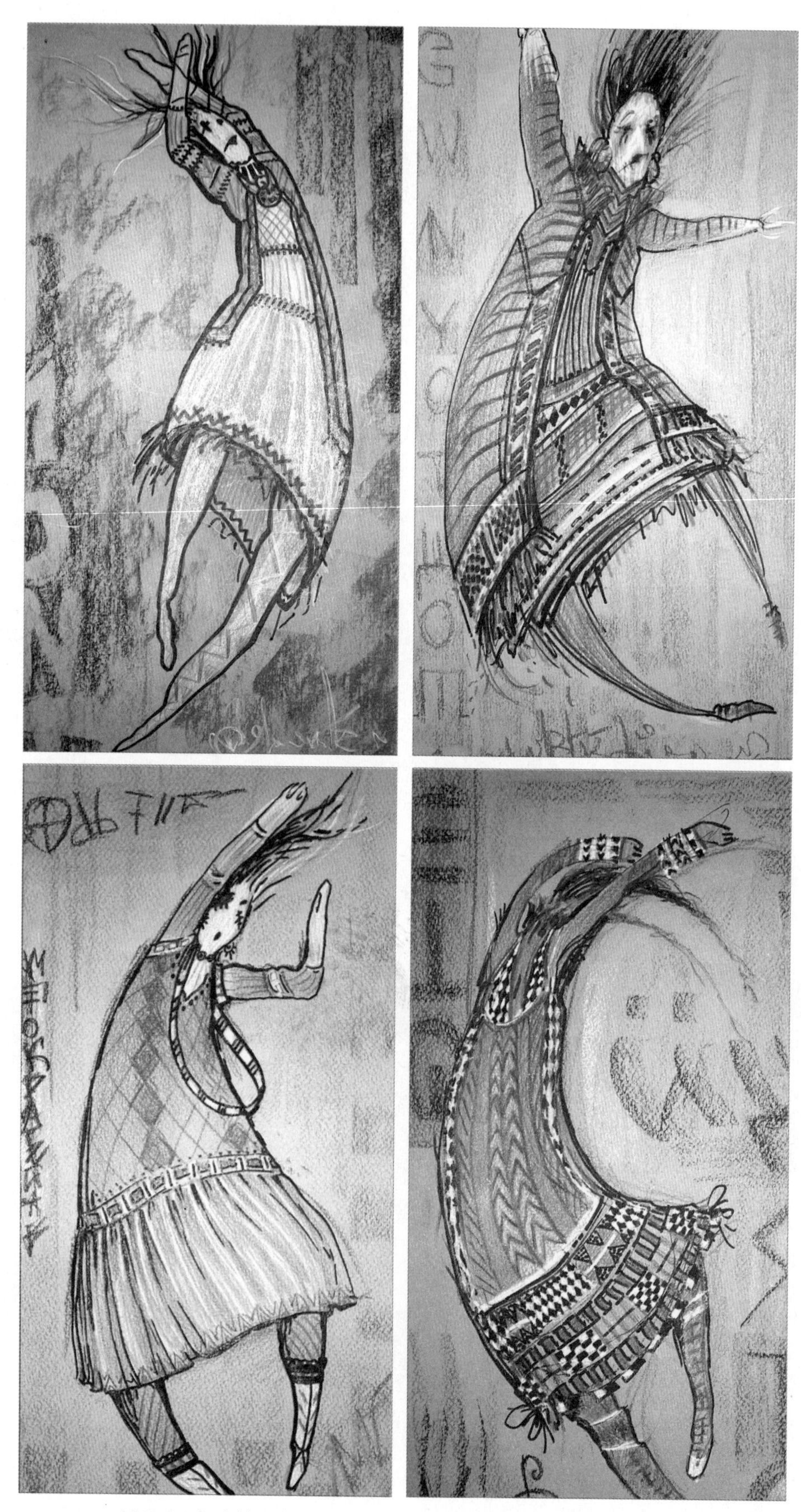

图4-12 趣味性线条（俄罗斯伊万洛奥纺织学院学生交流作品）

第四节 中国画传统十八描对时装画线条的影响

十八描是中国画技法名。根据历代各派人物画的衣褶表现程式，按其笔迹形状而起的名称。明代邹德中《绘事指蒙》载有“描法古今一十八等”。曹衣描、高古游丝描、铁线描、钉头鼠尾描、柳叶描、枣核描、折芦描、马蝗描、橄榄描、竹叶描、减笔描、战笔水纹描、混描、行云流水描、琴弦描、枯柴描、蚯蚓描、撅头钉描。但十八描中运用最多的描法是琴弦描、钉头鼠尾描、枣核描和折芦描，其他描法都是由此衍化而来。

1. 琴弦描

最古老的工笔线描之一，线条提按变化不大，细而均匀，如琴弦顿笔为小圆头状，略比高古游丝描粗些，多为直线。

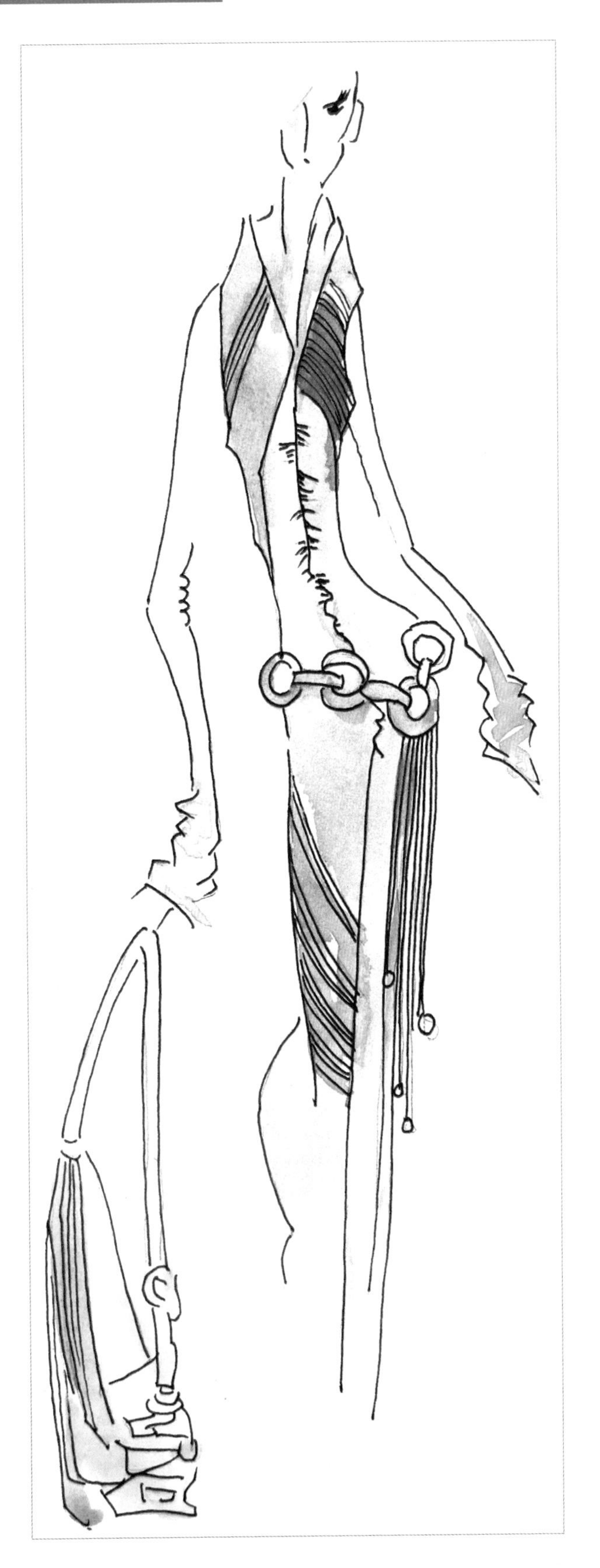

图4-13 琴弦描

2. 钉头鼠尾描

起笔顿头大，而顿时由于大的转笔，行笔方折多，转笔时线条加粗如同钉子，收笔尖而细，可以用来表现服装硬朗面料的质感。

图4-14 钉头鼠尾描

3. 枣核描

顿头如同枣核状，线条行笔中亦有枣核点状的用笔变化，戏称“下雨描”，可以用来表现毛衣及毛料等服装面料的毛涩质感。

图4-15 枣核描

4. 折芦描

秃笔线描，侧锋入笔，是一种写意笔法。顿头大而方，线多为直线，线条粗而有力。折芦描用笔粗，而转折多为直角。

图4-16 折芦描

练习与思考

1. 装饰表现的手法有哪些？
2. 中国画十八描对于时装画线描的意义。

第五章
时装画线描的语言风格

风格是指艺术创作活动中任何与众不同因而是易于辨认的方法或特征。风格是在发展中逐步形成的，能够反映艺术家的个性。一种可以称得上是风格的东西应该是可以进行归类和被描述的。

从新装饰运动到战后包豪斯的诞生，从高科技到环保主义，从流线型到简约主义，从极简风格到新古典、新浪漫主义，这一系列的变化都暗含了古老哲学相生相克的规律，也印证了社会变革与大众审美之间紧密的互动关系。现代时装设计的内涵和外延，比以往有了更多的拓展，更为重视对时装设计基本性能和风格特征的认识把握，最主要的就是要具有自身的风格。只有具备明确的风格，才能够定位整个设计的文化内涵与审美倾向，把握好整体的设计理念，以表现出与众不同的格调、气质和情趣。我们将时装风格划分为五大基本类别。事实上，风格更为细化更为多姿多彩，而且会在基本风格的基础上转换演化出多种风格，每一风格都具有或多或少的与众不同之处。风格是在长期的绘画实践中逐步形成的，目前流行的时装画线描技法可以制约你的风格，你的绘画表现功底和所感兴趣的内容也会左右你的选择。我们都有自己独一无二的个性特征，为什么要用相同的方式来表现时装画呢？每一张时装画效果图都能给你表现创意的机会，一旦你已经掌握使用线描的某些绘画技巧，表现个人风格的强烈愿望会促使你不断地寻找新的方法。向时装设计师优秀作品学习可以优化你的时装画线描语言风格。不必担心你的时装画线描作品还毫无特色，只要做好自己，强调自己的时装画线描的方式就已经拥有了与众不同的时装画线描风格。

第一节 高雅风格

高雅风格是一种传统式的审美趣味，强调表现女性身体的自然曲线，精致而且一丝不苟地表现女性脱俗稳重的气质。运用面料具有非常华丽的光泽感以及工艺上的装饰效果，体现出古典设计风格奢华本质，给人以辉煌的美感典雅、华丽的特点。面料材料选择多以光泽感好的缎纹和丝绒、厚重的雪尼尔提花面料搭配上具有装饰作用的珍珠、羽毛、钻石、蕾丝花边等素材为主，注重整体搭配的层次化、丰富化。图案多采用繁复、凝重、精致的卷曲纹样较多的线条装饰。色彩华贵，色调一般偏向于黄色、橙色、深红色、墨绿色，整体配色纯度较高，配饰多以贴金箔、镶嵌及流苏工艺手法，线条圆滑而优雅。高雅风格顺应一套既成的传统审美趣味是一种具有惊人生命力经久不衰的审美风格。夏奈尔服装是高雅风格的典型代表，她将原本复杂繁琐的裙裾女装发展为简练而朴素的夏奈尔样式经典套装，线条流畅，材质舒适，款式简洁，讲究品质，塑造了女性高贵优雅的形象。

图5-1 面料材料选择多以光泽感好的缎纹和丝绒、厚重的雪尼尔提花面料搭配

（作者：康丝坦斯·威伯特）

图5-2 高雅风格是一种颇受欢迎的风格，而在古典风格下延伸出的新古典主义则让古典元素在现代设计中雕琢凝练得更为含蓄，它以饱满、婉约的线条融入现代风格中，且更为精致。（作者：保罗·艾罗比）

第二节 民族风格

民族风格是以民族地域文化为灵感来源吸收民族服装款式或民族图案、材质、装饰等造型元素进行创作。多宽松悬垂，多层重叠且结构不对称，较少使用分割线。日本设计师森英惠的设计具有强烈的民族风格，日本和服式的廓形与剪裁让人感觉到强烈的日本风味。她运用日本传统友禅印染丝绸面料设计的礼服具有东方式的奇异时尚。森英惠既有日本传统文化的折射又有来自中国的影响，将之与西方服饰理念巧妙平衡。她的设计以蝴蝶为特征，人称“蝴蝶夫人”。

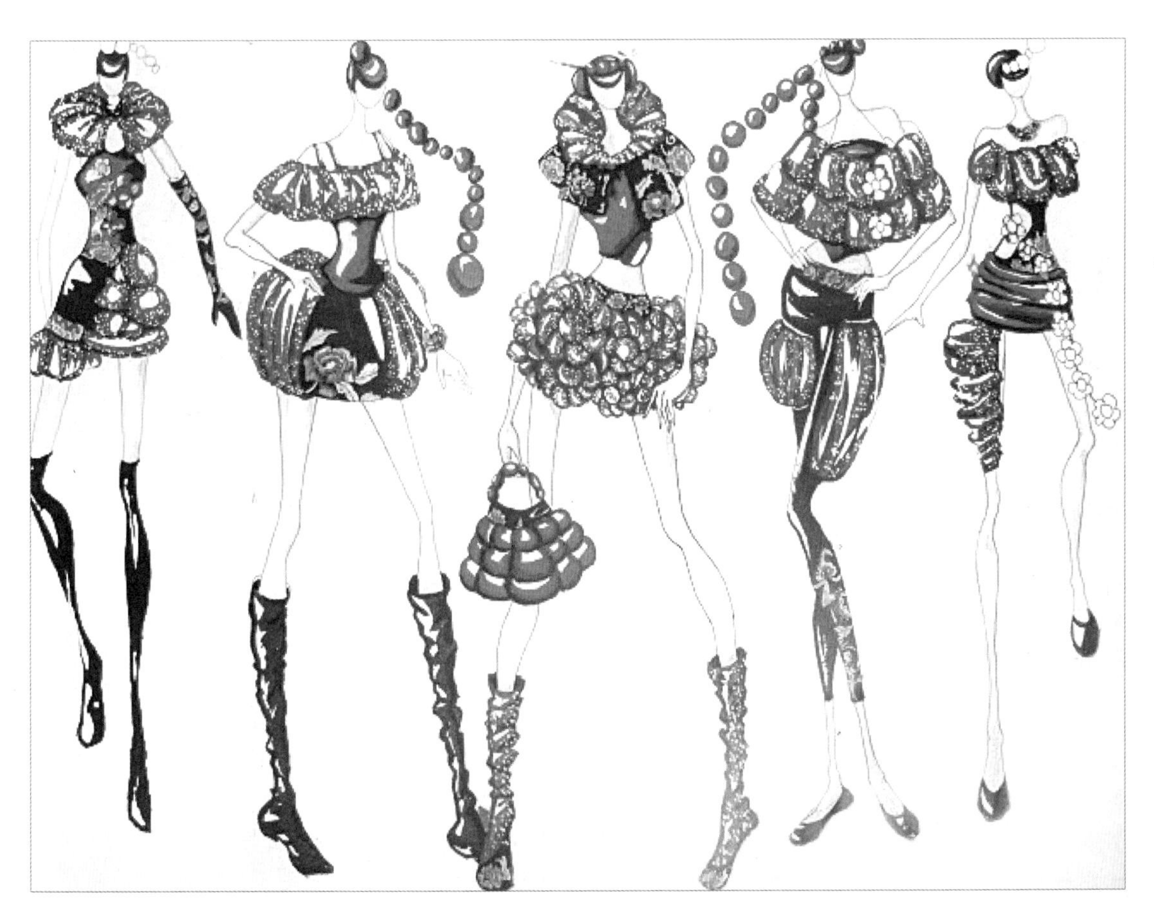

图5-3 精致、华美的真丝面料和提花工艺形成的造型轻盈、具有韵律感的曲线花卉纹样再搭配具有立体层次的现代绗缝工艺，无不体现着古典与现代的交融。（湖南女子学院学生作品）

图5-4 中国传统的刺绣、寓意吉祥的图案被运用于各种材质、面料上，东方花卉的面料与装饰品使时装在迎合极简框架的同时，又蕴涵丰富的本民族特色和历史文化气息。(湖南女子学院学生作品)

第三节 前卫风格

前卫风格受波普艺术和抽象派艺术的影响，追求一种标新立异，对传统的反叛和创新。造型特征以怪异为主线，富于幻想，线形变化大，强调对比因素，局部造型夸张交错重叠，排列不规整，随意而无限制。英国先锋时装设计师维维恩·韦斯特伍德（Vivienne Westwood，1941—）被称作是一位“惊世骇俗的时装艺术家”，前卫风格的杰出代表。服装具有进攻性，主题怪异，如：“海盗”“奴役”“野人系列”。坚持性感就是时髦，把内衣当外衣穿，甚至把文胸穿在外衣外面，在服装上面挖洞、撕扯、打结、翻卷，加上铁链、毛发、拉锁、橡皮乳头、大头钉、鸡骨头、印刷图形等元素，构成特立独行的“朋克时装”是一种典型的“不安分”、怪诞、荒谬的审美风格。

图5-5 前卫风格（湖南女子学院学生作品）

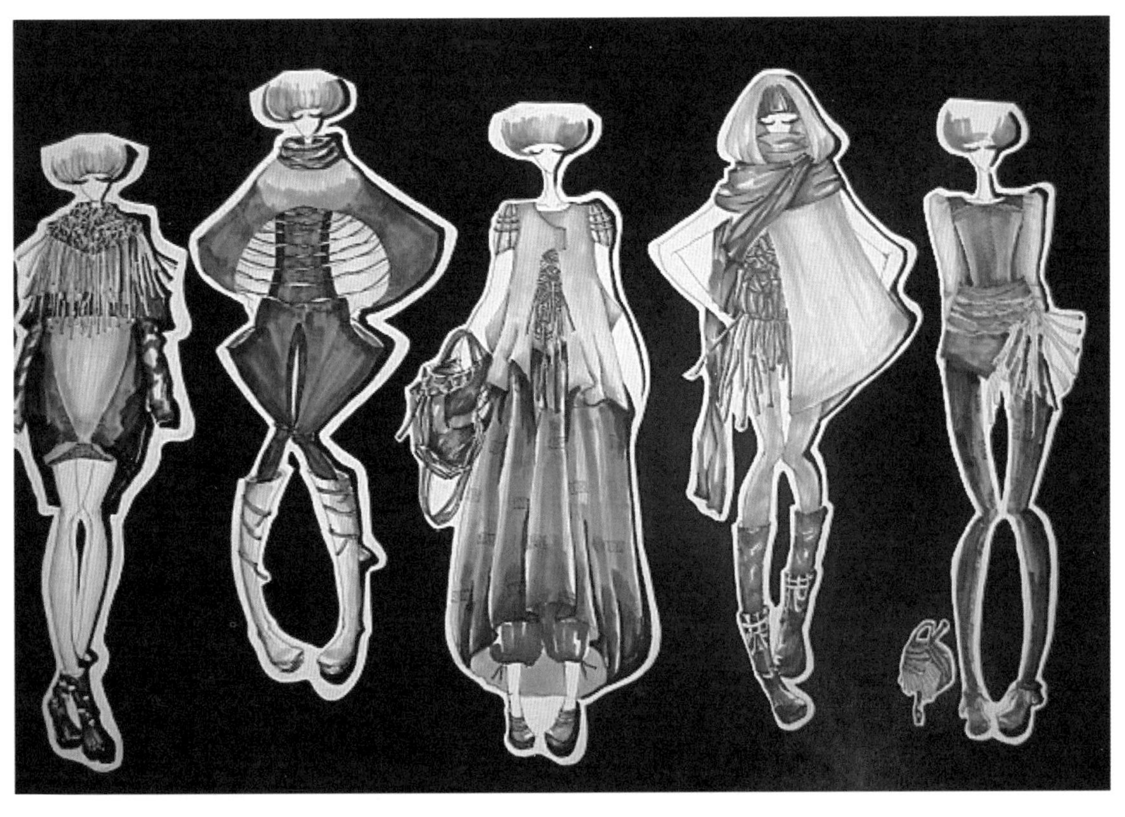

图5-6 前卫风格（湖南女子学院学生作品）

第四节 中性风格

中性服装不强调性别特征，性别模糊，男女皆可穿着，如T恤、运动服、茄克衫等。造型简洁、结构明快。造型上其突出的特点是：多由曲线、非对称线条或者是条纹格子构成，多以几何形花卉或其他自然元素以简洁的抽象图像勾勒，柔美雅致，或富有节奏感，采用黑白灰及低纯度色彩，形成冷静而有力的艺术效果，或采用鲜艳的、流行的色彩。线造型以直线和斜线居多，而且大都表现为分割线，曲线使用较少，廓形以直身形、简形居多，弱化女性特征，几乎不使用女性味太浓的花色面料以及纱销等。追求机能化、运动感和舒适性的需求。垫肩和夸张的领部具有男性服装宽肩平挺的特征，大袖子T恤衫，牛仔裤，宽松肥大的登山服外面套上南美印地安人穿的套头式斗蓬。中性风格具有结构简洁精确的审美趣味，看起来十分精干。

图5-7 中性风格（湖南女子学院学生作品）

图5-8 中性风格（作者：王莉娟）

图5-9 中性风格（作者：王莉娟）

第五节 时装画线描表现实例示范

绘制设计草图不同于纯艺术绘画的创作，可以任由思绪的天马行空。设计是一项严谨的工作，有着其发展的各个步骤，在构思中要求设计者能够将创意运用绘画的手段与预想的设计成品相结合，判断制作成品的可行性。设计图纸的绘制通常能够体现设计者的设计构思、工艺实施运用和后期的展示效果，是设计者在完成整个设计步骤中不可缺少的部分。

1. 平面工艺图纸

时装画的平面款式工艺图纸，包含设计成品的平面造型轮廓、具体的尺寸标注、工艺的运用部位以及简要的工艺说明。

2. 立体的整体搭配效果图

效果图的表现主要是用来表达设计者的创作理念和艺术效果的，通过它可以表现设计师的设计思想，修正设计观念，消除思维中的模糊干扰，使得新颖的想法得到真实、形象而生动的体现，它除了表现款式结构外，还十分注重表现其色彩、图案、面料材质、配饰以及系列组合的整体效果，有时还做些画面处理以烘托气氛。

3. 设计说明

除了平面工艺图纸和立体的整体搭配效果图，设计说明也是必不可缺。设计的灵感来源以及设计意图、工艺分析说明和对材质的分析介绍都能够让人很好地理解设计者的设计思路。

4. 实施工艺

作品的制作实施工艺的步骤实际上是设计者完成设计成品制作的步骤，在此期间要求设计者能够选择相应面辅料和装饰配料和谐搭配，运用一定的裁剪技巧、缝纫工艺、装饰手段来制作和完成设计成品。

一、实例示范《湘云》

（1）创作元素：素材来源于楚汉艺术的云纹姿态优美的线形，红与黑的经典配色，象征典型喜庆的红灯笼，将这些元素经过艺术提炼形成设计的创作元素。

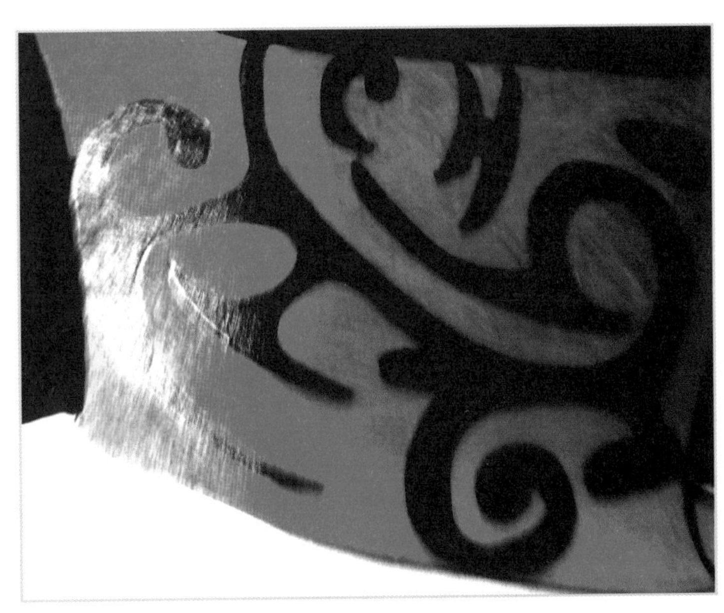

图5-10 创意元素 马王堆汉墓漆器

（2）设计说明：复古，直接开启历史的记忆，回到西汉，红与黑的经典搭配，云纹线条的伸展，典雅的时装造型，将我们期盼中的古代衣饰重新组合出新鲜与时髦，如开启陈年佳酿让人通体舒泰，心醉神迷。

（3）平面款式图：利用绘画工具绘制平面的款式图，平面款式图的绘制方式可以是手绘，也可以利用电脑进行绘制。此套服装设计造型简洁、大方，细节上利用机绣的工艺来表现出精致的云纹图案。

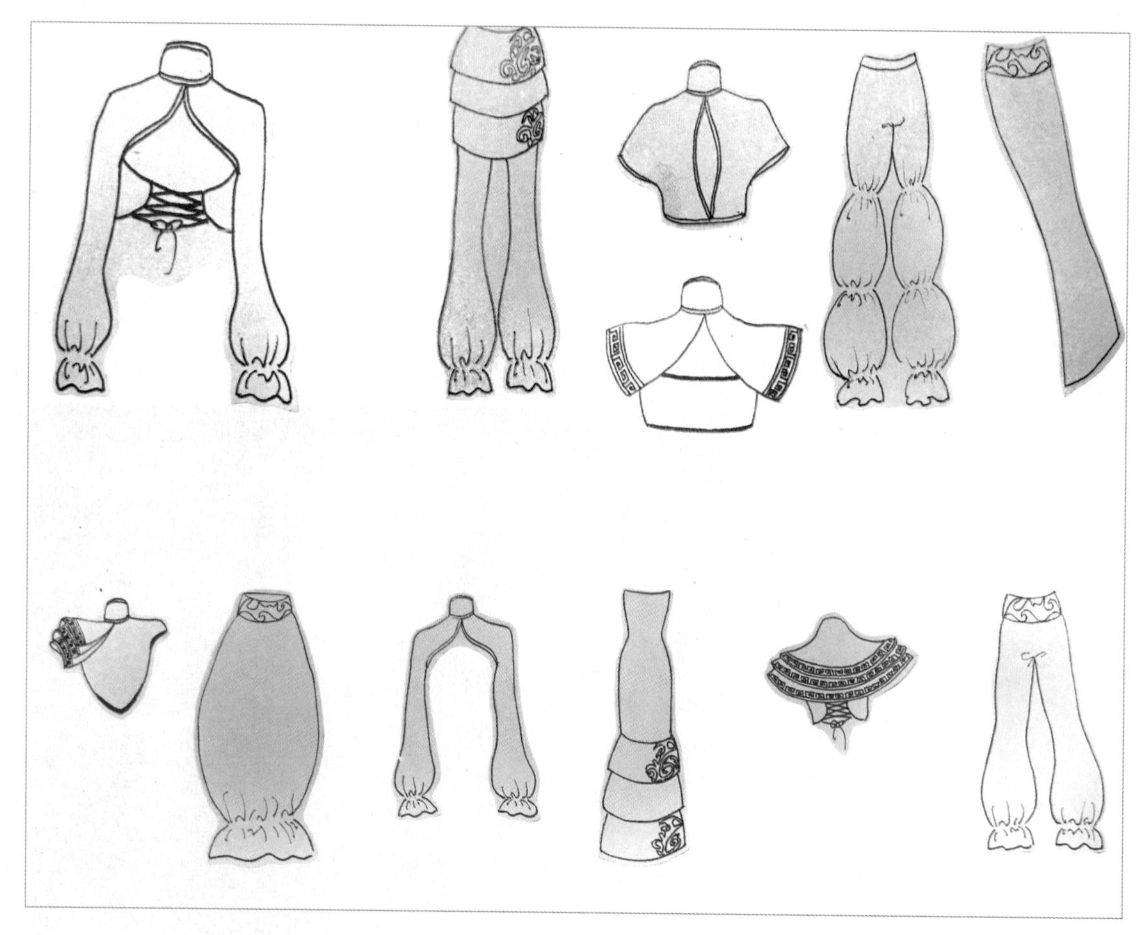

图5-11 《湘云》平面款式图

（4）效果图：服装款式的整体搭配以及配饰的使用，营造出与主题相结合的古典氛围，展示体现出楚汉的主题。线描纤细、平涂勾线并留白。

图5-12《湘云》效果图表现（1）

图5-13 《湘云》效果图表现（2）

二、实例示范《足球宝贝》

（1）创作元素：素材来源于巴西足球，姿态优美的线形，黄与绿的经典配色，象征足球的黑与白，将这些元素经过艺术提炼形成设计的创作元素。

（2）设计说明：此款设计，名为：足球宝贝。体现出足球运动中人的运动性与青春活力。款式中增加了一些时尚元素显得简洁、大方。造型轻松自然，个性鲜明。

（3）平面款式图：平面的款式图详细地交代此套服装设计中所包含的造型上的特点，细节上、工艺上的制作表现。

（4）效果图：服装款式的整体搭配以及配饰的使用，营造出与主题相结合的古典氛围，展示体现出运动的主题。

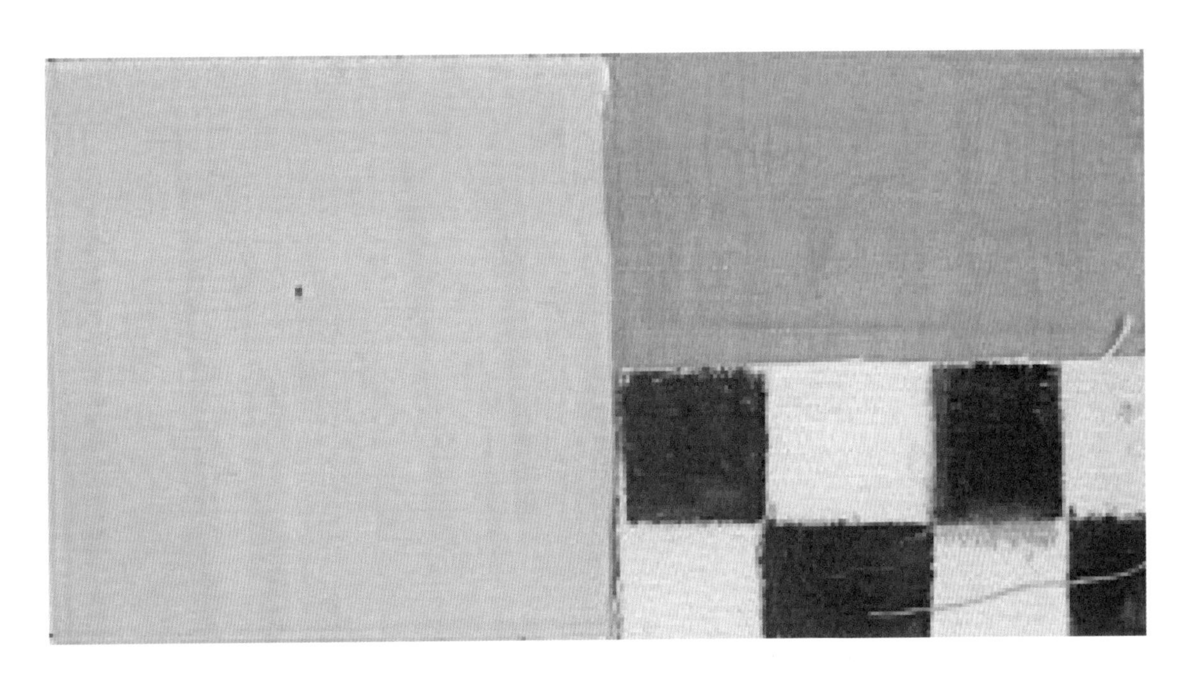

图5-14 创意元素

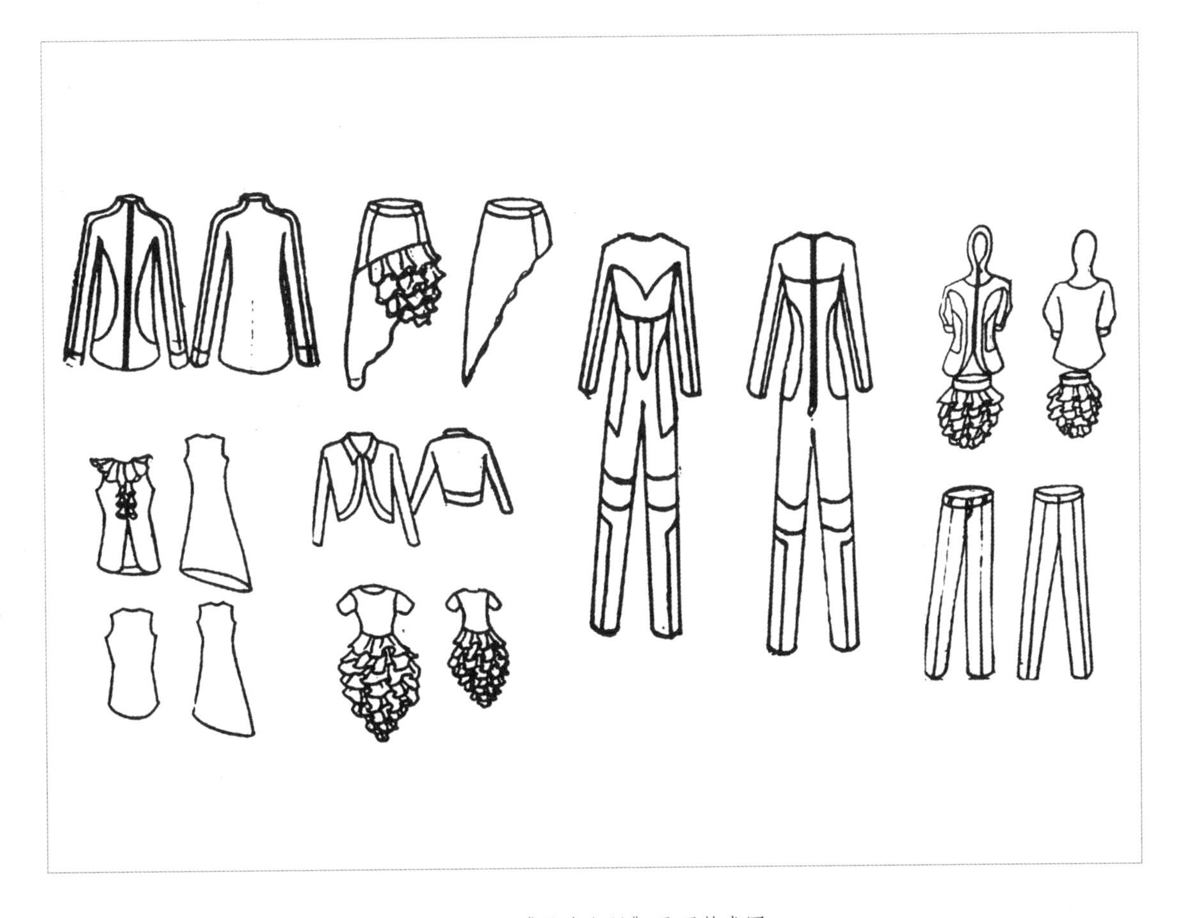

图5-15《足球宝贝》平面款式图

图5-16 湖南女子学院学生作品

三、实例示范《大地》

（1）创作元素：素材来源于大地的质朴与温柔、同类色的经典配置、象征，将这些元素经过艺术提炼形成设计的创作元素。

图5-17 创意元素

（2）设计说明：此款服装设计名为：大地。体现出自然界中的植物风情以及与人的和谐对话，款式简洁、大方，细节上利用机绣的工艺来表现出精致的植物花卉。

（3）平面款式图：平面的款式图详细地交代了此套服装设计中所包含的造型上的特点，以及细节上、工艺上的制作表现。

图5-18《大地》平面款式图

（4）效果图：服装款式的整体搭配以及配饰的使用，营造出与主题相结合的朴素氛围，展示体现出大地的主题。

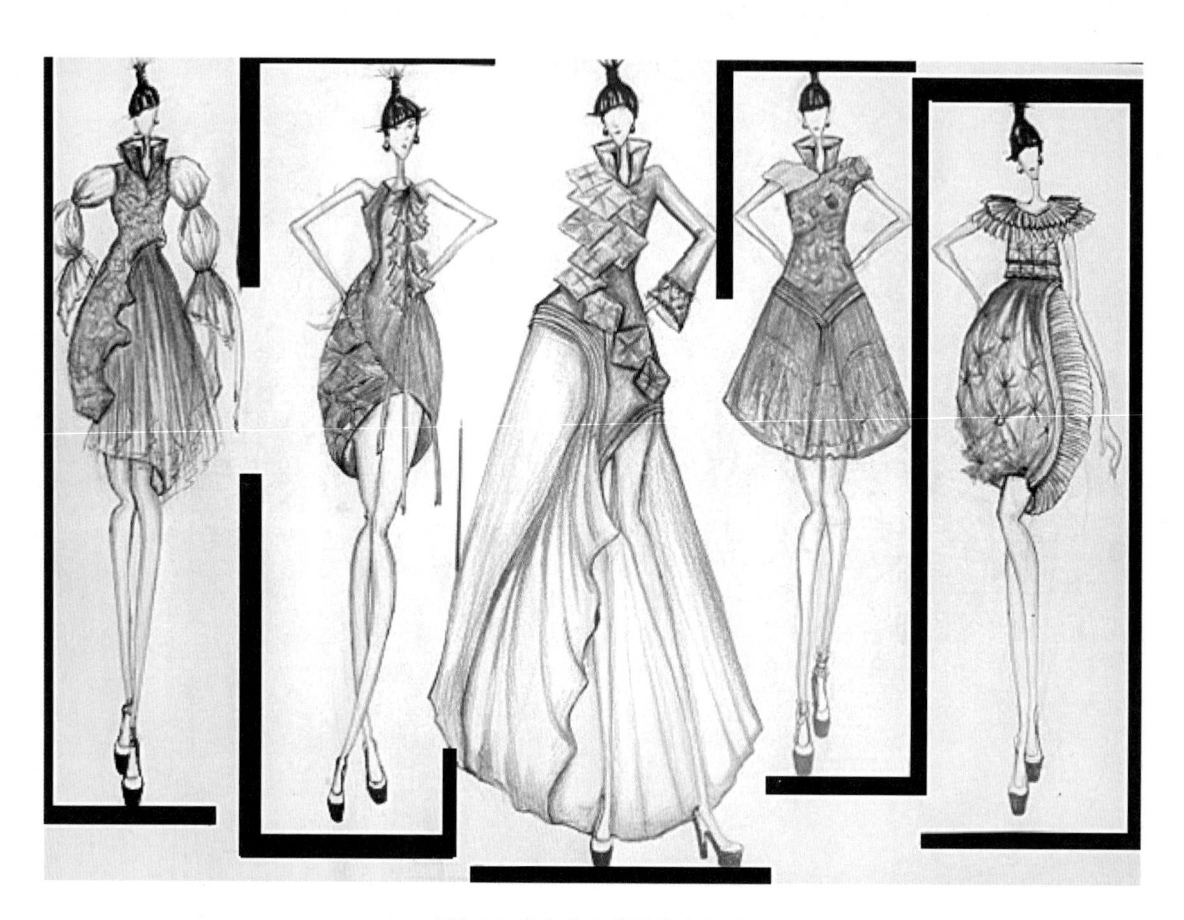

图5-19 湖南女子学院学生作品

练习与思考

1. 什么是时装画线描语言风格，时装画线描语言风格包括哪些内容？
2. 时装画线描语言风格如何来把握？
3. 绘制一款具有一定形式风格的服装。
（1）设计内容：春秋装。
（2）设计要求：在图案、款式、工艺上要求配套化，并且具有特定的风格。
（3）设计时间：二周。

彩图欣赏

1.〔捷克斯洛伐克〕阿尔冯斯·姆哈（Al Flons Muha）1860－1939年

捷克装饰绘画大师，著名的“新艺术”运动中的重要画家，精彩高雅服装的人物画佳作在他的画中人物神态典雅，服饰富丽璀璨，具有强烈的装饰效果，表现出一种充满着安详宁静感而富于内在魅力的音乐韵味，以女人、服装、鲜花歌颂四季，赞美人生。

2.〔美国〕肯尼思·保尔·布洛克（Kenneth Paul Block）

美国时装画家，最擅长人物速写，线条粗犷有力，能以最简单的笔触以少胜多地表现最流行的感觉，并把握人物造型的特征。

3.〔美国〕史蒂文·史迪波尔曼（Steven Stipollman）

当今美国最具代表性的时装画家，风格特殊，人物的姿态、线条之表现极优美自然。

4.〔意大利〕威拉猛岱（Willa Meng Dai）

威拉猛岱是意大利目前最杰出的画家，绘画角度颇具独到之处，尤以擅长表现近代流行的美感著称。在20世纪70年代后期以其粗犷、刚直的风格在时装插图这一领域里引起了极大的反响，与当时流行的偏向柔和的色彩和流畅的线条式的学院风格形成强烈的对比。他笔下的女性形象，热情豪放富有女性的魅力，扑朔迷离的眼神中饱含着热烈的情感，妖艳的新潮女郎浑身散发着淫荡与狂放的气息，令观者为之震撼。他不喜欢被人称为是“插图家”，而是自封为“艺术创造者，致力于描绘幻想的创造者，他笔下超凡和引人入胜的作品是幽默与想象的完美结合。

5.〔法〕埃莱娜·马吉娜（Elena Magina）

法国艺术家，她的画就如同她的名字一样充满了女人味，擅长用魅力无比的喷笔来表现，其所表现的人物生动细腻，气质高雅。

6.〔中国〕刘元风

清华大学美术学院教授和博士生导师，我国知名时装画艺术家、服装高等教育和服装艺术设计及其理论专家。刘元风教授现为北京服装学院院长、教育部纺织服装教学指导委员会副主任委员。

7.〔法〕埃特（Romain Dle Tirtdff）

俄罗斯裔法国艺术家，线条纤细流畅，简洁而概括，十分精细地表现出服装的蕾丝镂空，皮草镶边等时尚元素，精密的图形洋溢着异国风情，色彩明丽。

8.〔美〕J.C.莱恩德克尔（J.C.Leyendecker）

古典技法与明确的解剖学相结合，体现一种优雅与闲适的时尚。

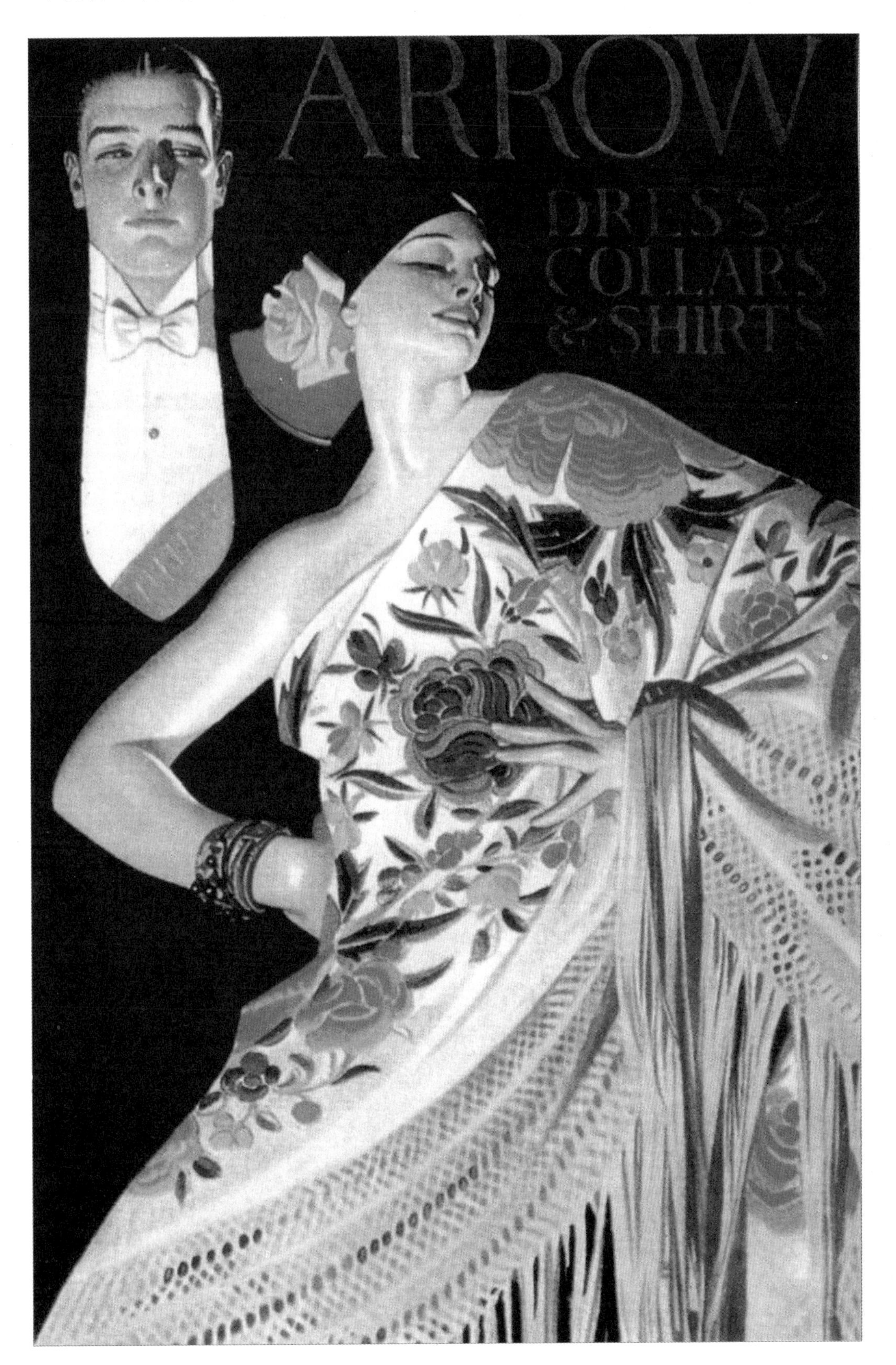

9.〔美〕鲁本·托莱多（Ruben Toledo）

出生于古巴，美国艺术家，简洁流畅的墨水线条加水色淋漓的大色块，线与色块巧妙地结合。

ToLEDO

10.〔瑞典〕马兹·古斯塔夫林（Mats Gustafson）

大胆而简单的线条剔除所有繁冗的细节，并配置饱满而氤氲曼妙的水彩，使其作品充满意象的形式意味。

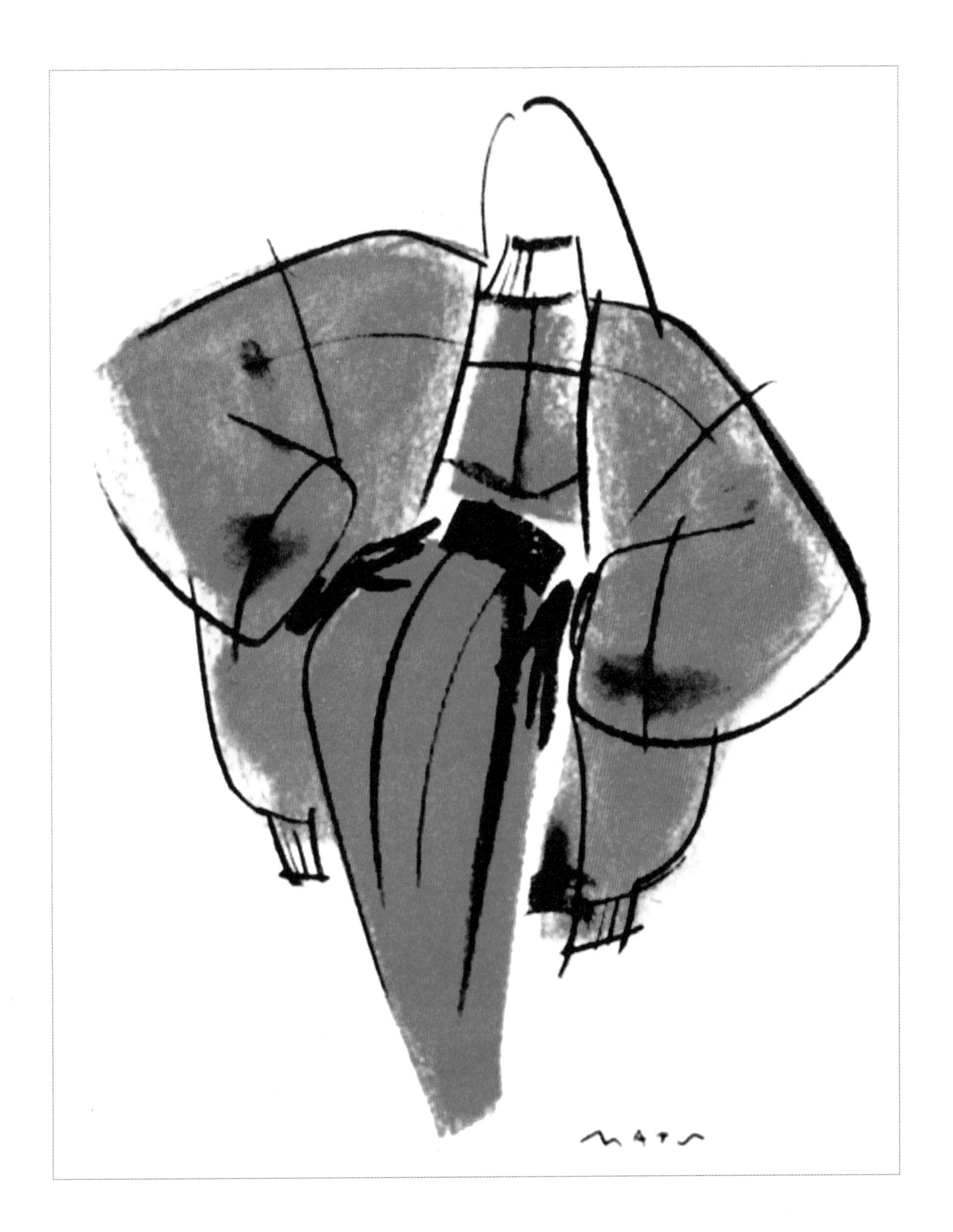

11.〔荷〕皮特·帕里斯（Plet Paris）

线条硬朗并留白，五官省略重点，描绘服装的廓形轮廓，减少对服装细节的描绘，使作品透露出简洁的风格。

12. Vogue 杂志封面欣赏

Children's number of Vogue
AUGUST 15 1915
THE VOGUE COMPANY
CONDÉ NAST
PRICE 25 CENTS

VOGUE

Spring Fashions Number

The Vogue Company

VOGUE
Many suggestions for the bride's trousseau
MAY 1, 1913
PRICE 25 CENTS

VOGUE
May 1, 1912

VOGUE
FEBRUARY 1, 1914
PRICE 25 CENTS
THE VOGUE COMPANY
CONDÉ NAST President

VOGUE

Hot Weather Fashions

July 1·1923

The Condé Nast Publications Inc

Collier's
Autumn

Paris Openings
Number
VOGUE
April 1 1918
Price 25 Cents
CONDÉ NAST

VANITY FAIR
December 1914
Price 25 cents

参 考 文 献

（1）〔美〕卡罗尔·A.农尼利.国际时装画技法教程[M]. 王艳晖，译. 北京：中国青年出版社，2009.
（2）李当歧. 服装学概论[M]. 北京：高等教育出版社，2006.
（3）林家阳. 设计色彩教学 [M]. 上海：东方出版中心，2007.
（4）刘霖，金惠. 时装画 [M]. 北京：中国纺织出版社，2004.
（5）〔德〕Hannelore. 服装绘画与造型设计 [M]. 王青燕，译.上海：中国纺织大学出版社，2001.
（6）〔美〕哈根. 美国时装画技法教程[M]. 张培，译. 北京：中国轻工业出版社，2008.
（7）陈东生，等. 新编时装画技法[M]. 北京：中国轻工业出版社，2006.
（8）刘晓刚，崔玉梅. 基础服装设计 [M]. 上海：东华大学出版社，2008.
（9）鲁闽. 服装设计基础[M]. 杭州：中国美术学院出版社，2002.
（10）李当歧. 西洋服装史[M]. 长沙：湖南美术出版社，1998.
（11）曾正明. 十八描研究[M]. 北京：中国纺织出版社，2008.
（12）〔美〕玛里琳·霍恩.服饰：人的第二皮肤[M]. 乐竟泓，杨治良等，译. 上海：上海人民出版社，1997.
（13）唐宇冰. 服装设计表现（第2版）[M]. 北京：高等教育出版社，2008.